Chemie und Technologie der Kunststoffe
in Einzeldarstellungen
Herausgegeben von G. Pfestorf

2

Kunstharzpreßstoffe im Maschinenbau

Von

Dr.-Ing. Wolfgang Weigel

Studienassessor, Leiter des physikalischen Prüffelds
der H. Römmler AG., Spremberg

Mit 98 Abbildungen im Text
und 13 Zahlentafeln

Springer-Verlag Berlin Heidelberg GmbH 1942

ISBN 978-3-642-98148-7   ISBN 978-3-642-98959-9 (eBook)
DOI 10.1007/ 978-3-642-98959-9

Vorwort.

Die Kunstharzpreßstoffe waren ursprünglich wegen ihrer guten Iso-
liereigenschaften fast ausschließlich Werkstoffe der Elektrotechnik.
Nachdem es aber mit fortschreitender Entwicklung gelungen war, sie
auch festigkeitsmäßig zu hochrangigem Verhalten emporzuzüchten,
fanden sie als Baustoffe auf den Gebieten des Apparate- und sogar des
Maschinenbaus zahlreiche Anwendungen.

Das vorliegende Buch soll in erster Linie dem Anwender der Preßstoffe, also dem Konstrukteur, einen Überblick über das bisher Geleistete geben und ihm zeigen, was er von den Preßstoffen festigkeitsmäßig erwarten kann, und welche Gestaltungsregeln er beim Entwurf
neuer Preßteile zu beachten hat. Stücke, die seither in Metall gefertigt
wurden, lassen sich nicht ohne weiteres in Preßstoff nachahmen. Vielmehr muß auf die Eigenart der Herstellung der neuen Werkstoffe
und auf ihr Verhalten bei mechanischer Beanspruchung bei der Gestaltung Rücksicht genommen werden. Häufig ist es sogar notwendig,
von Grund auf neu zu konstruieren. Der Konstrukteur muß lernen,
in diesen Austauschwerkstoffen zu denken, wenn er vor Fehlschlägen
bewahrt werden will.

Bei der großen Fülle von Anwendungen, die die Preßstoffe gefunden
haben, kann ein Anspruch auf Vollständigkeit nicht erhoben werden.

Wenn an vielen Stellen wirtschaftlichen Dingen Raum gegeben
wurde, so geschah dies, um auch den technischen Kaufmann über
die Gesichtspunkte zu unterrichten, die er bei der Umstellung auf
Preßstoffe berücksichtigen muß. Darüber hinaus soll ihm das Buch
bei der Auswahl der Werkstoffe, die er den Kunden vorschlägt, behilflich
sein.

Herrn Dipl.-Ing. E. WIRTH danke ich für zahlreiche Anregungen
recht herzlich. Auch der Fa. H. Römmler AG., Spremberg, die mir
eine große Anzahl von Werkphotos überließ, sei an dieser Stelle bestens
gedankt. Schließlich möchte ich dem Springer-Verlag meinen Dank
dafür aussprechen, daß er trotz des Krieges das Erscheinen des Buches
in friedensmäßiger Ausstattung und in kurzer Zeit ermöglichte.

Spremberg, im Juli 1941.

Der Verfasser.

Inhaltsverzeichnis.

Inhaltsverzeichnis. V

III. Prüfung von Fertigteilen.

I. Wesen und Eigenschaften der Kunstharzpreßstoffe.

A. Nichtgeschichtete Preßstoffe.

1. Die Herstellung der Preßmassen.

Das Harz. Die Kunstharze, die wir hier betrachten wollen, entstehen durch Kondensation. Zwei niedermolekulare Ausgangsstoffe vereinigen sich unter gleichzeitiger Abspaltung eines anderen Stoffs, im allgemeinen von Wasser. Dieser Vorgang erfolgt in mehreren Stufen. So bildet sich beispielsweise aus Phenol oder auch den drei isomeren Kresolen und Formaldehyd in Gegenwart eines alkalischen Katalysators zunächst ein harzartiger Körper, der schmelzbar und in organischen Lösungsmitteln löslich ist, das sog. Resol (Harz im A-Zustand). Bei fortschreitender Kondensation wandelt er sich in das quellbare, jedoch nicht mehr schmelzbare Resitol um (Harz im B-Zustand). Schließlich tritt bei weiterer Wärmezufuhr der Endzustand ein. Das Harz ist zu unlöslichem und unschmelzbarem Resit geworden (Harz im C-Zustand). Während bei der Resitolbildung eine scharfe Grenze vorhanden ist, erfolgt der Übergang zum Resit allmählich. Als Endprodukt haben wir einen festen, spröden Harzkörper, ähnlich dem Bernstein, vor uns.

Auch bei saurer Kondensation bildet sich ein Harz, der sog. Novolak. Er ist löslich und schmelzbar, besitzt aber, im Gegensatz zum Resol, nicht die Eigenschaft, daß er durch Erwärmen in den unschmelzbaren und unlöslichen Zustand übergeht. Zur Erreichung dieser chemischen Veränderung bedarf es des Zusatzes eines weiteren Stoffs, z. B. von Hexamethylentetramin.

Technisch werden die Harze in großen Kondensationsanlagen gewonnen. Die Kondensation spielt sich in einem großen Kessel mit Rückflußkühlung unter anfänglicher Wärmezufuhr ab, die jedoch bald unterbleiben kann, da die Reaktion unter starker Wärmeentwicklung vor sich geht. Abb. 1 zeigt einen Harzkessel mit Rührwerk. Die entstehende wässerig-emulsionsartige Flüssigkeit wird nun in eine Destillationsblase geleitet, wo die wässerigen Bestanteile durch Vakuumdestillation entfernt werden. Schließlich wird das erhitzte und somit flüssige, gelbbraun gefärbte Harz in Pfannen abgelassen, wo es sich abkühlt und erstarrt.

Ebenso wie das Phenol bildet auch der Harnstoff mit Formaldehyd in Anwesenheit eines basischen Katalysators ein Harz, das durch Erhitzen in den unlöslichen Endzustand übergeht und somit Resolcharakter aufweist.

Die Füllstoffe. Reinharze finden nur in beschränktem Umfang Verwendung; denn sie sind infolge ihrer glasartigen, spröden Eigenschaft nicht allen Anforderungen gewachsen, die in mechanischer Hinsicht schlechthin an ein Maschinenteil gestellt werden. Man mischt sie daher

Abb. 1. Harzkessel mit Rührwerk.

mit Füllstoffen oder besser Harzträgern, die dem Harz die Sprödigkeit nehmen und seine mechanischen Eigenschaften verbessern sollen. Sie können anorganischer oder auch organischer Natur sein. Ihr wichtigster und auch heute noch meistverwendeter Vertreter ist das Holzmehl. Daneben sind als andere körnige Harzträger Asbestmehl und Gesteinsmehl zu nennen. Teile, die aus solchen pulverförmigen Preßmassen hergestellt werden, weisen aber immer noch ein Verhalten auf, das mechanisch noch nicht allen Ansprüchen gewachsen ist. Die Entwicklung ging deshalb dahin, Füllstoffteilchen größerer Abmessungen zu verwenden. So entstanden auf der Grundlage von Gewebe- und Papierschnitzeln und auch von Asbestschnüren Preßstoffe, die zu hochrangigem Festigkeitsverhalten emporgezüchtet werden konnten. Diese Entwicklung ist noch keineswegs abgeschlossen, sondern befindet sich noch in vollem Flusse. Gilt es doch, fremde Stoffe wie Asbest und Baumwolle durch einheimische zu ersetzen.

Die Preßmassen. Die Aufbereitung der Preßmassen geschieht durch inniges Mischen von Harz und Füllstoffen. Harzbrocken und Füllstoffe werden zwischen zwei waagerecht stehenden Walzen, die auf verschiedene Temperaturen geheizt sind, gebracht. Das Harz schmilzt und vermengt sich infolge der verschiedenen Drehgeschwindigkeiten der Walzen gut, wobei die Füllstoffe von dem geschmolzenen Harz benetzt werden. Die Mischung büßt nach einiger Zeit ihre Klebkraft ein und kann als „Fell" von der Walze abgestreift werden (Abb. 2).

Abb. 2. Mischwalzwerk. Das Fell beginnt sich zu lösen.

Nach Erkalten wird dieses Fell im Brecher zerkleinert und dann zu Pulver vermahlen.

Nach einem anderen Verfahren werden die Harzträger in eine Lösung des Harzes in Spiritus eingebracht und im Kneter durchgearbeitet. Das Lösungsmittel wird durch anschließende Trocknung im Vakuum wieder entfernt und kann teilweise wiedergewonnen werden. Diese Herstellungsart wird für Preßmassen angewandt, deren Füllstoffe Gewebeschnitzel oder sonstige Teilchen größerer Abmessungen sind.

2. Die Verarbeitung der Preßmassen.

Die Pressen. Man unterscheidet mechanisch und hydraulisch angetriebene Pressen. Die ersteren sind häufig für Handantrieb eingerichtet. Die Kraftübertragung erfolgt über ein großes Speichenrad, durch das über ein Zahnradvorgelege ein Kniehebel bewegt wird (Abb. 3). Mit diesen Pressen läßt sich eine Druckleistung bis etwa 60 t erzielen. Mechanische Pressen werden auch für Motorantrieb gebaut. Für größere Druckleistungen kommen vor allem hydraulische Pressen in Frage. Sie sind im allgemeinen als Oberdruckpressen ausgebildet. Abb. 4 stellt eine solche Presse für eine Druckleistung von 1000 t dar. Als Antrieb dient Druckwasser, das von einer gemeinsamen Druckwasseranlage geliefert wird. Diese Pressen werden für Leistungen bis zu einem Druck von 7500 t hergestellt.

Abb. 3. Kniehebelpresse.

Die Preßformen. Der Preßvorgang erfordert einen hohen Druck, damit die unter dem Einfluß der Wärme zwar erweichende, aber doch noch recht zähflüssige Preßmasse gut in alle Teile des Hohlraums fließen kann. Im allgemeinen genügen etwa 300 kg/cm². Für viele Preßteile reicht dieser Druck jedoch nicht aus. Man geht daher zuweilen noch wesentlich

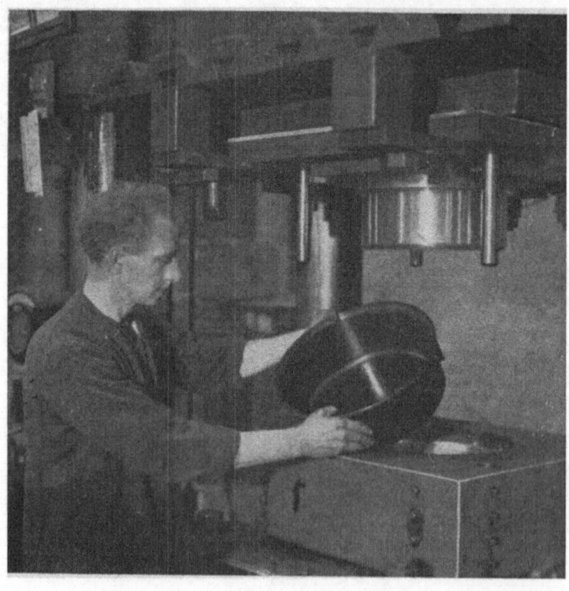

Abb. 4. Große hydraulische Presse für 1000 t Druckleistung.

höher, nämlich bis zu 1500 kg/cm². Dadurch ist aber eine sehr starke Bauweise der Form neben bestem Material bedingt. Meist wird Chromnickelstahl verwendet. Dieser Stahl wird aber von Preßmassen, die

Harnstoff enthalten, chemisch angegriffen. Zur Verarbeitung der Aminoplaste wurden daher Sonderstähle entwickelt.

Jede Preßform besteht aus Unterteil und Oberteil, die in geschlossenem Zustand einen Hohlraum bilden. Man unterscheidet zwischen Überlauf-

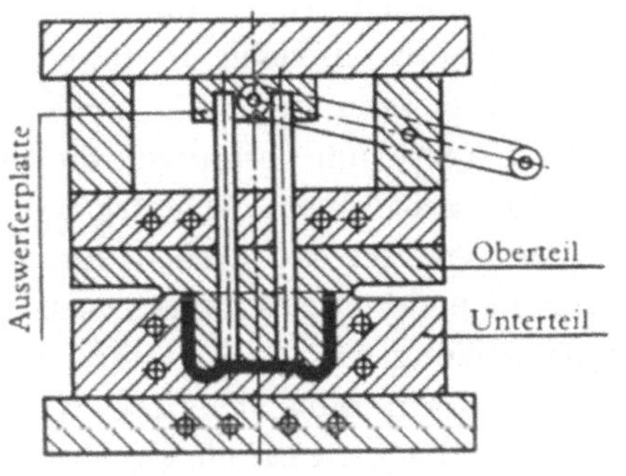

Abb. 5. Abquetschform.

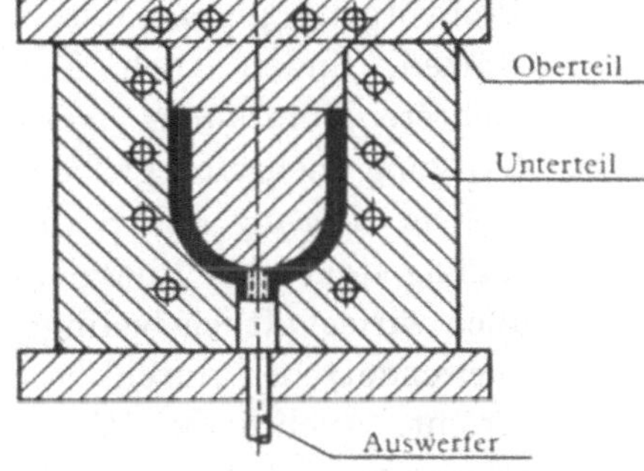

Abb. 6. Füllform.

und Abquetschformen (Abb. 5), bei denen der Preßmasseüberschuß abfließt, und Füllformen. bei denen ein Abfluß nur noch in beschränktem Umfange längs des Oberstempels erfolgen kann (Abb. 6). Diese Formart hat der erstgenannten gegenüber den Vorteil. daß die Preßmasse

Abb. 7. Preßwerkzeug für eine Spritzpistole.

nahezu den vollen Druck der Presse erhält. Ein weiterer Vorzug liegt darin, daß die Preßstückshöhe nicht in dem Maße Schwankungen ausgesetzt ist, wie dies bei Verwendung von Abquetschformen der Fall ist. Nicht jedes Preßteil läßt sich mit so einfachen Formen herstellen.

Häufig sind recht komplizierte Preßwerkzeuge nötig. Abb. 7 stellt die Preßform für eine Spritzpistole dar. Rechts ist das Unterteil, links das Oberteil abgebildet. Davor liegen die Einzelteile, die vor dem Pressen in die Form eingesetzt werden müssen. Zwischen Ober- und Unterteil ist der Preßling zu sehen. Neben sog. Einfachformen, die bei einem Preßvorgang jeweils nur die Herstellung eines einzigen Preßlings gestatten, finden auch Mehrfachformen Verwendung. Sie enthalten mehrere Hohlräume, meist der gleichen Art, und erlauben die Anfertigung mehrerer gleichartiger Preßstücke in einem Arbeitsgang.

Die Heizung der Formen hängt von der Art der örtlich zur Verfügung stehenden Energieform ab. Sie ist nicht nur technisch, sondern auch wirtschaftlich bedingt. Neben Gasheizung wird gesättigter Dampf verwendet, der durch besondere in die Form eingearbeitete Kanäle strömt. Auch heißes Wasser wird benutzt. Es wird durch Überhitzung gewonnen und durch die Heizkanäle gepumpt. Daneben hat sich auch die elektrische Heizung bewährt. Sie erfordert keine besondere Anlage und gestattet eine leichte Regelung der Preßtemperatur.

Die Preßverfahren. Die genau abgemessene oder gewogene Preßmasse wird in die Form gegeben und die Presse langsam zugefahren. Erst bei dem nun einsetzenden Erweichen wird der volle Druck gegeben, der bis zur völligen Aushärtung des Preßlings bleibt. Das Ausstoßen geschieht mittels eines Auswerfers, bei kleinen Stücken auch durch Anwendung von Preßluft. Häufig ist es nötig, sofort nach dem Zufahren die Form ein oder mehrere Male zu lüften, um dem sich schon beim Schließvorgang abspaltenden Dampf des Kondensationswassers und der von der Masse eingeschlossenen Luft Gelegenheit zum Entweichen zu geben. Die Härtezeit des Preßlings hängt von der Wanddicke des Stücks, der Art der verwendeten Preßmasse und von der Preßtemperatur ab und kann durch Vorwärmen der Masse unmittelbar vor dem Verarbeiten verringert werden. Sie liegt in der Größenordnung weniger Minuten. Phenoplaste werden bei etwa 170°, Aminoplaste bei etwa 145° verarbeitet[1].

Von dem geschilderten Preßverfahren unterscheidet sich das sog. Spritzpressen dadurch, daß die abgemessene Preßmasse in einer Vorkammer erwärmt und durch eine Düse in die geschlossene Form gedrückt wird. Diese Art der Formgebung eignet sich besonders für komplizierte Formen, da der als dünner Strang in die Form eintretende Preßstoff alle Ecken und Winkel gut ausfüllt. Darüber hinaus gestattet sie auch größere Wanddicken; denn durch das gute Vorwärmen in der Vorkammer wird die Masse so gut und gleichmäßig weiterkondensiert, daß auch größere Wanddicken in erträglicher Preßdauer durchgehärtet werden.

---

[1] Ausführlich bei K. BRANDENBURGER: Herstellung und Verarbeitung von Kunstharzpreßmassen. 2. Aufl. München: J. F. Lehmanns Verlag 1938.

Eine dritte Art der spanlosen Formgebung stellt die Verarbeitung durch das Strangpreßverfahren dar[1]. Die Preßmasse wird bei diesem Verfahren nicht in eine geschlossene Form gepreßt, sondern sie gelangt in eine Form mit offener Eintritts- und Austrittsseite. Die Temperatur steigt in der Preßrichtung an und führt die Masse allmählich in den gehärteten Zustand über. Die Preßmasse wird während des Vorgangs bewegt. Der gehärtete Teil an der Austrittsöffnung kann beliebig geregelt werden. Dadurch wird der zum guten Verschweißen notwendige Preßdruck erzeugt und geregelt. Mit diesem Verfahren lassen sich Stangen und Rohre beliebigen Querschnitts herstellen. Verformungen senkrecht zur Preßrichtung sind unmittelbar beim Austritt aus der Preßform möglich, sofern die Masse noch nicht ganz bis zum Endzustand vorgetrieben wurde. So können beispielsweise schraubenförmig gewundene oder winklig gebogene Stränge hergestellt werden. Die Biegevorrichtung, die an Stelle der Bremsvorrichtung an die Form angeschlossen wird, ist geheizt und härtet den Preßling vollends aus.

3. Die Gestaltung der Preßteile.

Bei der Gestaltung von Preßteilen ist auf die Eigenart des Werkstoffs und seiner Verarbeitung Rücksicht zu nehmen. Der VDI hat Gestaltungsregeln gesammelt und herausgegeben[2]. Sie sind zwar in erster Linie für den Preßtechniker bestimmt, sind aber auch für den Konstrukteur von Bedeutung. Wir wollen daher nur diejenigen einer kurzen Betrachtung unterziehen, die beim Entwurf von Preßteilen grundsätzlich zu beachten sind.

Wanddicke. Wie wir bereits oben sahen, ist der Übergang vom Resitol zum Resit kein scharf abgegrenzter Punkt. Je länger und je stärker eine Masse durchgehärtet wird, um so mehr schreitet die Kondensation fort. Bei überall gleicher Temperatur der Preßform wird also an einer Stelle kleiner Wanddicke die Kondensation stärker vorangetrieben sein als an einer solchen größerer Wanddicke. Nach dem Abkühlen des Preßstücks müssen deshalb starke Spannungen entstehen, die sich beim Altern noch vergrößern können. Die Folgeerscheinungen sind geringe Festigkeit durch zusätzliche innere Spannungen, ja sogar Auftreten von Rissen. Die wichtigste Gestaltungsregel besagt deshalb, daß die Wanddicke eines Preßteils möglichst an allen Stellen die gleiche sein soll. Vor allem sind schroffe Übergänge zu vermeiden. Überhaupt soll die Wanddicke so niedrig wie möglich gehalten werden; denn bei sehr dickwandigen Stücken kann es vorkommen, daß die äußere Schicht stärker durchgehärtet ist als das Innere, was ebenfalls zu unerwünschten

---

[1] GRODZINSKI. P.: Z. Kunststoffe Bd. 26 (1936) S. 121.

[2] VDI-Richtlinien für die Gestaltung von Kunstharzpreßteilen. Berlin: VDI-Verlag 1939.

inneren Spannungen führen kann. Abb. 8 stellt eine falsche und eine richtige Gestaltung eines Spulenflansches gegenüber.

Versteifung und Wölbung. Geringe Wanddicken bedeuten geringe Festigkeit. Sie wird werkstoffgerecht verbessert durch Anwendung von Rippen. Auch das Einfallen großer Flächen infolge Schwindens nach dem Pressen kann dadurch gemildert werden. Sehr große Flächen lassen sich nicht immer völlig eben herstellen. Unschöne Durchbiegung kann durch bewußte stärkere Wölbung vermieden werden, die gleichzeitig eine größere Gestaltfestigkeit bewirkt.

Abrundungen. Kunstharz hat glasartigen Charakter und ist infolgedessen kantenempfindlich. Scharfe Kanten und Ränder sind daher zu vermeiden, da sie leicht wegplatzen oder zum Bruch des ganzen Stücks führen können. Auch rein preßtechnisch gesehen ist damit der Vorteil verknüpft, daß die Masse beim Fließen leichter den Rundungen folgen kann. Spannungen, die häufig Entmischungserscheinungen im Gefüge der Preßmasse zur Folge haben, treten dann nicht auf.

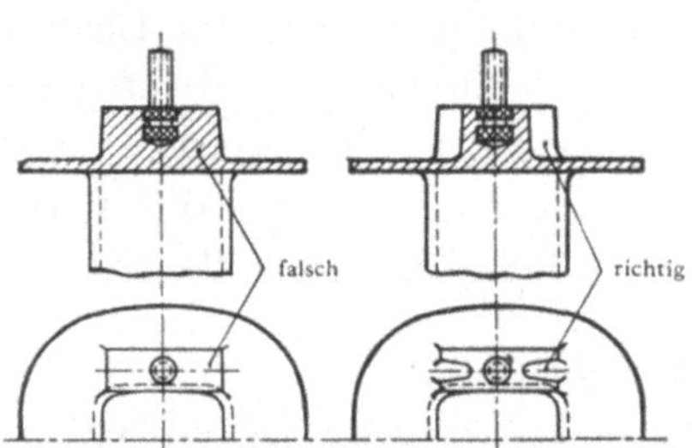

Abb. 8. Falsch. Werkstoffanhäufung am Spulenflansch. Richtig. Spulenflansch ausgespart.

Löcher und Schlitze. Die Sprödigkeit des Werkstoffs muß auch beim Entwurf von Löchern und Schlitzen beachtet werden. Gefahr des Ausbrechens besteht, wenn Löcher zu nahe an den Kanten sitzen. Die Entfernung zwischen Lochrand und Kante soll wenigstens so groß sein wie der Lochdurchmesser. Sehr tiefe Löcher, die beispielsweise zur Befestigung von Gehäusen dienen sollen, werden zweckmäßigerweise als Schlitzlöcher ausgebildet, wobei seitliches Herausrutschen durch versenkt liegende Unterlegscheiben verhindert wird. Löcher und Schlitze quer zur Preßrichtung sind zu vermeiden, da sie den Massefluß hemmen und leicht zu Beschädigungen der in die Form hineinragenden Stifte führen können. Nachträgliches Einarbeiten in das fertige Preßstück ist häufig günstiger und oft auch wirtschaftlicher.

Einpressen von Metallteilen. Das Einpressen von Metallteilen ist zwar grundsätzlich möglich, führt jedoch häufig zu Fehlschlägen. Preßstoff schwindet bei der Abkühlung nach dem Pressen und hat außerdem einen größeren Wärmeausdehnungskoeffizienten als die Metalle. Ist ein dickes Metall von einer dünnen Preßstoffschicht umgeben, so wird letztere sehr starke Zugbeanspruchungen bekommen und kann aufplatzen. Einzupressende Metallteile sollen daher möglichst dünn sein. Umschließt dagegen das Metall einen Preßstoffkern, so lockert sich dieser. Quer zur Preßrichtung liegende Metallteile sind aus den oben angeführten Gründen zu verwerfen.

Eingepreßte Metallteile müssen durch geeignete Profilierung gegen Verdrehen und Herausziehen gesichert werden. Hierbei ist besonders auf die Schwindung zu achten, insbesondere bei langen Metallteilen.

Abb. 9 zeigt die normale Ausführungsart einer Einpreßmutter mit Kreuzkordel und umlaufender Nut. Die Nut sichert zusätzlich gegen Beanspruchung in axialer Richtung. Die geschlossene Form (Sackmutter) verhindert das Eindringen von Preßmasse in die Gewindegänge. Die

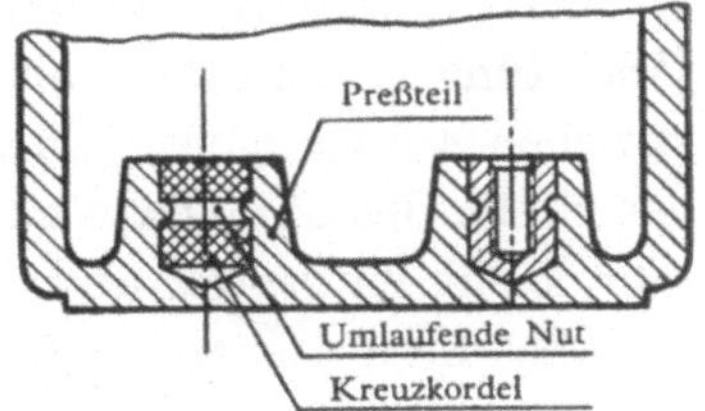

Abb. 9. Preßstück mit Einpreßmutter aus Metall.

Abb. 10 und 11 geben elektrische Isolationsteile mit vielen eingepreßten Metallteilen wieder.

Ein Beispiel dafür, daß auch das eingepreßte Metallteil tragendes Konstruktionselement sein kann. ist in Abb. 12 dargestellt.

Abb. 10. Kabelendverteilerplatte.

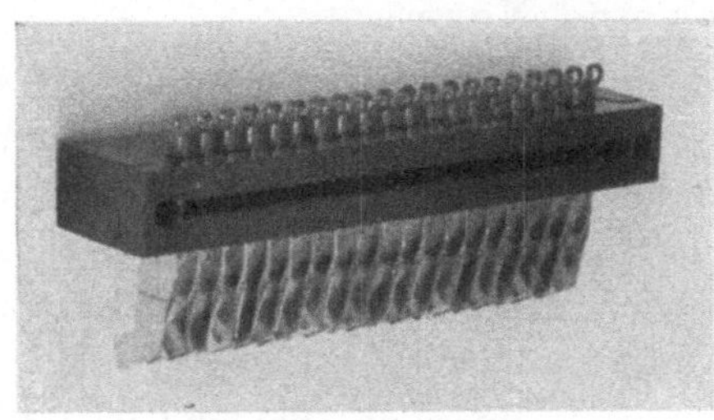

Abb. 11. Telephonanschlußleiste.

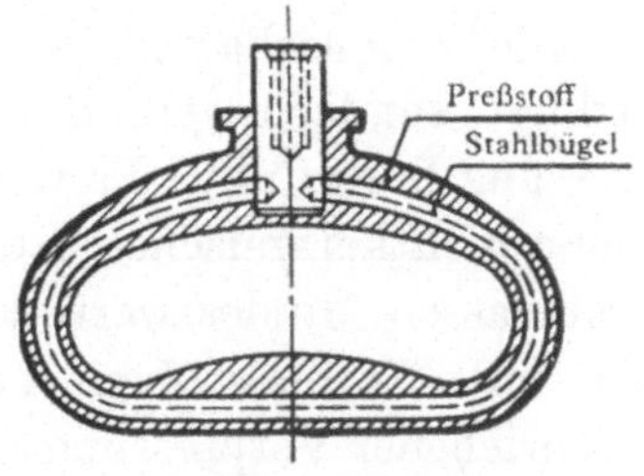

Abb. 12. Notbremshandgriff mit eingepreßtem Metallbügel.

Preßtechnische Einflüsse. Die Eigenart des Preßvorgangs verlangt bei der Konstruktion ebenfalls Berücksichtigung. So sollen beispielsweise in Preßrichtung liegende Flächen Neigung erhalten, damit die Preßteile leicht aus der Form entfernt werden können. Für einseitige Neigung hat sich das Verhältnis 1:100 bewährt. Hinterschneidungen sind zu vermeiden, weil sie zwangsläufig zu einer sehr teuren und auch schwierig zu bedienenden Preßform führen. Der entstehende umfangreiche Preßgrat ist unerwünscht, da er das Stück durch umständliche Nacharbeit unnötig verteuert. Dem Preßgrat ist auch insofern besondere Beachtung zu schenken, als seine Beseitigung aus glatten Schauflächen zuweilen schwierig ist. Dies läßt sich dadurch umgehen, daß man an der Stelle des Preßgrats einen betonten Wulst anbringt. Er läßt sich sehr leicht entgraten und wirkt bei großen Flächen oft belebend.

Alle diese Regeln sind grundsätzlich zu beachten. Das soll nun keineswegs bedeuten, daß Ausnahmen unzulässig seien. Wenn solche, etwa durch den Verwendungszweck des Preßlings, unumgänglich sind, so müssen Konstrukteur und Preßfachmann unbedingt zusammenarbeiten. Nur dadurch ist es möglich, neben einer festigkeitsmäßig günstigen Form auch die preßtechnisch richtige Gestalt zu wahren.

4. Die Eigenschaften.

Voraussetzung für jeden Erfolg der Anwendung von Kunstharzpreßstoffen im Maschinenbau ist eine genaue Kenntnis ihrer Eigenschaften; denn von dieser Erkenntnis hängt die Gestaltung und der Sicherheitsgrad der Maschinenteile ab. Es genügt keineswegs, sein Augenmerk lediglich auf die mechanischen Eigenschaften zu richten. Vielmehr ist zur völligen Beherrschung der neuen Werkstoffe auch ein Vertrautsein mit ihrem Verhalten bei zusätzlicher Beanspruchung anderer Art, etwa thermischer, elektrischer oder chemischer Natur, notwendig, denn gerade bei den organischen Stoffen sind die mechanische Festigkeit, die Maßhaltigkeit, das Aussehen usw. in viel stärkerem Maße von den genannten Einflüssen abhängig als bei den Metallen.

a) Typisierung und Normung.

Alle Eigenschaften sind nicht nur durch die Preßmasse an sich bedingt, sondern werden auch in hohem Maße durch die Art der Verpressung beeinflußt. Es wurden daher in der „Typisierung der gummifreien nichtkeramischen Isolierstoffe" neben der Zusammensetzung der Preßmassen Mindestwerte für die wichtigsten Eigenschaften festgelegt, die mit Normalstäben von 10 mm × 15 mm × 120 mm bei vorgeschriebener Verpressung erreicht werden müssen[1]. Sie sind in Zahlentafel 1 zusammengestellt.

Darüber hinaus wurde die Werkstoffnorm DIN 7701 geschaffen[2], die noch eine Reihe weiterer Eigenschaften enthält. Sie soll vor allem dem Anwender eine Übersicht bieten und ihm bei der Auswahl des

---

[1] Einzelheiten über Prüfung und Eigenschaften der Kunstharzpreßstoffe bei R. NITSCHE u. G. PFESTORF: Prüfung und Bewertung elektrotechnischer Isolierstoffe. (Bd. 1 dieser Sammlung.). Berlin: Springer 1940.

[2] 2. Ausgabe. Berlin: Beuth-Vertrieb 1939.

Zahlentafel 1. Auszug aus der Typisierung der gummifreien Isolier-
preßstoffe.

Typ	Zusammensetzung	Mechanische Eigenschaften			Thermische Eigenschaften		Elektrische Eigenschaften	Verarbeitungsart
		Biegefestigkeit mind. kg/cm²	Schlagbiegefestigk. mind. cmkg/ cm²	Kerbzähigkeit mind. cmkg/ cm²	Wärmefestigk. n. MARTENS mind. °C	Glutfestigkeit mind. Gütegrad	Oberflächenwiderstand nach 24 stünd. Liegen in Wasser mind. Vergleichszahl	
11 12 M	Phenolharz mit anorganischem Füllstoff	500 500 700	3,5 3,5 15,0	1,0 2,0 15,0	150	4	8	Warmpressung
S	Phenolharz mit Holzmehl als Füllstoff	700	6,0	1,5	125	3	8	Warmpressung
T_1 T_2 T_3	Phenolharz mit Textilfaser als Füllstoff	600 600 800	6,0 12,0 25,0	6,0 12,0 —	125	2	7	Warmpressung
Z_1 Z_2 Z_3	Phenolharz mit Zellstoff als Füllstoff	600 800 1200	5,0 8,0 15,0	3,5 5,5 10,0	125	3	7	Warm pressung
K	Harnstoffharz mit organischem Füllstoff	600	5,0	1,2	100	3	10	Warmpressung

geeigneten Werkstoffs helfen. In der nachstehenden Zahlentafel 2 sind
die physikalischen Eigenschaften nach dem Normblatt, soweit es sich
auf nichtgeschichtete Preßstoffe bezieht, wiedergegeben.

b) Mechanische Eigenschaften.

Zug und Druck. Bei Betrachtung der Tabelle fällt zunächst auf,
daß die Zugfestigkeit, die wichtigste aller mechanischen Eigenschaften,
im Vergleich zu den Metallen recht niedrig liegt. Sie ist mit Ausnahme
des Typs 11 und der weitgehend geschichteten Typen T3 und Z3 bei
allen Typen die gleiche. Das besagt aber nichts anderes, als daß für
diese Eigenschaft in erster Linie das Harz, also das Bindemittel, maßgebend ist. Ein ähnliches Bild zeigt auch die im Gegensatz zur Zugfestigkeit erstaunlich hohe Druckfestigkeit, wenn auch hier der Einfluß der Füllstoffe schon merklich zutage tritt. Diesem Umstand muß
der Konstrukteur Rechnung tragen. Er muß grundsätzlich hohe Zugbeanspruchungen zu umgehen suchen oder die Zugspannungen durch
entsprechend großen Querschnitt auf ein erträgliches Maß herabdrücken.
Noch besser ist die Anwendung von sog. Verbundstoffen. Durch Einlage
bestrichener Bahnen von Papier oder Gewebe an den gefährdeten Stellen
entstehen hier die Typen Z3 oder T3 mit ihrer hohen Zugfestigkeit.
Die Verschweißung mit dem umgebenden Typ T2 oder S ist eine ganz
ausgezeichnete. Der Konstrukteur ist also keineswegs an einen einzelnen

Zahlentafel 2. Auszug aus Normblatt DIN 7701.

Typ	Wichte	Mechanische Eigenschaften							Thermische Eigenschaften						
		Biegefestigkeit mind.	Schlagbiegefestigkeit mind.	Kerbzähigkeit mind.	Druckfestigkeit mind.	Zugfestigkeit mind.	Kugeldruckhärte mind.	Elastizitätsmodul	Wärmefestigkeit nach MARTENS mind.	Zulässige Höchsttemperatur				Glutfestigkeit mind. Gütegrad	Lineare Wärmedehnzahl je °C zwischen 0° und 50° $\alpha_t \cdot 10^6$
										Bei dauernder Wärmebeanspruchung	Bei kurzzeitiger Wärmebeanspruchung und Berücksichtigung der				
											Biegefestigkeit −10%	Schlagbiegefestigk. −10%	Schrumpfung 0,6%		
	kg/dm³	kg/cm²	cmkg/cm²	cmkg/cm²	kg/cm²	kg/cm²	kg/cm²	kg/cm²	°C	°C	°C	°C	°C		
11	1,8	500	3,5	1,0	1200	150	1800	60000 bis 150000	150	150	215	215	200	4	15 bis 30
12		500	3,5	2,0	1200	250	1500	90000 bis 150000							
M		700	15,0	15,0	1200	250	1500	90000 bis 160000							
S	1,4	700	6,0	1,5	2000	250	1300	55000 bis 80000	125	100	135	130	130	3	30 bis 50
T₁	1,4	600	6,0	6,0	1400	250	1300	50000 bis 90000	125	100	100	125	165	2	15 bis 30
T₂		600	12,0	12,0	1400	250	1300	70000 bis 100000							
T₃		800	25,0	18,0	1200	500	1300	40000 bis 90000							
Z₁	1,4	600	5,0	3,5	1400	250	1300	40000 bis 80000	125	100	135	115	130	3	15 bis 30
Z₂		800	8,0	5,5	1000	250	1300	60000 bis 100000							10 bis 30
Z₃		1200	15,0	10,0	1600	800	1300	80000 bis 130000							10 bis 30
K	1,5	600	5,0	1,2	1800	250	1500	50000 bis 100000	100	65	90	90	80	3	40 bis 50

Typ bei einem Preßstück gebunden. Gerade dieser Möglichkeit wird noch viel zu wenig Aufmerksamkeit geschenkt. Dabei ist ihre Ausnutzung in weit höherem Maße werkstoffgerecht als die werkstoffwidrige Materialanhäufung an hoch beanspruchten Stellen.

Biegung. Auch bei der üblichen Berechnung der Biegespannung als Quotient aus Biegemoment und Widerstandsmoment ist der große Unterschied zwischen Zug- und Druckfestigkeit zu berücksichtigen. Das sei an einem einfachen Beispiel erläutert. Bei einem U-förmigen Profil liegt die Nullinie von den äußeren Enden der Schenkel weiter weg als vom Profilrücken. Die Spannungen sind bei Biegung infolgedessen an den Schenkeln größer als am Rücken, da sie im gleichen Verhältnis mit dem Abstand von der Nullinie wachsen. Wird nun eine Schiene mit diesem Querschnitt derart auf Biegung beansprucht, daß bei Auflage auf zwei Stützen die Kraft am Profilrücken angreift, so ist die weit höhere Spannung an den Schenkeln eine Zugspannung. Greift aber die Kraft an der offenen Profilseite an, so ist die hohe Spannung eine Druckspannung, und wir erhalten eine viel größere Biegefestigkeit. Ähnlich wie bei Gußeisen oder Zement ist auch hier die Biegefestigkeit gestaltabhängig.

Versuche, die mit einem U-förmigen Querschnitt angestellt wurden, ergaben bei Zugspannung an den Schenkeln eine Bruchlast von 160 kg, bei Zugspannung am Profilrücken eine solche von 240 kg. Der Abstand der äußersten Faser von der Nullinie war an den Schenkeln genau 1,5mal so groß wie am Profilrücken.

Schlagbeanspruchung. Ganz anders liegen die Verhältnisse bei schlagartiger Beanspruchung. Während Preßteile aus pulverförmigen Preßmassen ein ähnliches Verhalten wie Siegellack zeigen, also recht schlagempfindlich sind, weisen solche aus Schnitzelmassen eine beträchtliche Schlagbiegefestigkeit auf. Sie ist bedingt durch eine innige Verflechtung und Verfilzung der groben Füllstoffteilchen, so daß sich die charakteristische Sprödigkeit des Harzes nicht in so hohem Maße auswirken kann. Rechnerisch ist mit den Angaben für die Schlagbiegefestigkeit in der Praxis nicht viel anzufangen. Sie können höchstens als Wertmesser beim Vergleich verschiedener Typen herangezogen werden. Die am Normalstab ermittelten Werte können keineswegs auf andere Querschnittsgrößen oder -formen übertragen werden[1]. Überhaupt ist der Begriff der Schlagbiegefestigkeit als Quotient aus aufgewendeter kinetischer Energie und Querschnitt physikalisch ebenso wenig exakt definiert wie der des Widerstandes einer Panzerplatte gegen den Durchschlag einer Granate, rechnet man doch heute in der Ballistik immer noch mit rein empirischen „Panzerformeln". Dazu kommt bei Preßstoffen, besonders beim Typ T 2, eine recht große Streuung in

---

[1] KUNTZE, W., u. R. NITSCHE: Z. Kunststoffe Bd. 29 (1939) S. 33.

den Einzelwerten, die, insbesondere bei kleinen Querschnitten, sehr von der Lage der Schnitzel abhängig ist und damit bis zu einem gewissen Grad dem Zufall überlassen bleibt.

Allgemein kann jedoch gesagt werden, daß Preßstoffe der Typen T2 und Z2 sowie ganz besonders der weitgehend geschichteten Typen T3 und Z3, bei denen die zerstörenden Kräfte fast nur von den Füllstoffen aufgenommen werden, beispielsweise das Gußeisen mit seiner Schlagbiegefestigkeit von etwa 10 cmkg/cm² recht beträchtlich übertreffen. Der Konstrukteur muß vor allem darauf sehen, daß zu kleine Querschnitte bei grobem Gefüge gefährlich werden können. Anwendung der Typen T3 und Z3 an solchen Stellen ist auch in diesem Falle angebracht.

Schlagbeanspruchung eingekerbter Querschnitte. Die in den Tabellen angegebenen Werte für die Kerbzähigkeit sind rechnerisch ebenfalls nicht verwertbar, im Vergleich mit der Schlagbiegefestigkeit jedoch sehr aufschlußreich. Auch hier steht der spröde Charakter der pulverförmigen Massen im Gegensatz zur Kerbunempfindlichkeit der Schnitzelmassen, während die weitgehend geschichteten Typen naturgemäß wieder stärker beeinflußt werden. Die Typen T1 und Z1, die eine Zwischenstellung zwischen den pulverförmigen Preßmassen und den Schnitzelmassen einnehmen, liegen auch in der Kerbempfindlichkeit zwischen beiden. Sie sind für die meisten Fälle auch bei ungünstiger Preßteilgestalt schlagfest genug und weisen dabei eine bessere Fließfähigkeit auf, so daß sie für preßtechnisch schwierige Stücke besonders geeignet sind.

Schäden durch Kerbwirkung treten nicht nur durch richtige Einkerbungen auf. Auch die Kantenempfindlichkeit ist darauf zurückzuführen. Ebenso sind schroffe Übergänge gefährlich und daher zu vermeiden.

Elastizität. Der Elastizitätsmodul liegt bei den regellos verpreßten Stoffen etwa zwischen 50000 und 150000, im Mittel bei rd. 100000 kg/cm². Das bedeutet, daß diese Stoffe eine kleine Arbeitsaufnahme aufweisen. Dabei lassen sie nur eine geringe Formänderung zu, d. h. sie sind als steif zu bezeichnen. Die Bruchdehnung liegt unter 1%. Der Zustand des „Verbogenseins", wie wir ihn von den Metallen her kennen, kommt bei den Preßstoffen nicht vor. Außer bei der Berechnung von Knickfestigkeiten nach den EULERschen Formeln ist der Elastizitätsmodul für reine Festigkeitsfragen kaum von Bedeutung. Auch für die Frage der Dehnung spielt er wegen der verhältnismäßig niedrigen Bruchspannung keine Rolle.

Härte. Sie ist praktisch völlig ausreichend; denn es wird kaum vorkommen, daß ein anderer (härterer) Körper in ein Preßteil merklich eindringt, ohne daß dabei ein Bruch des ganzen Stücks entsteht. Im allgemeinen genügt die Kenntnis der Druckfestigkeit, um die Frage nach der Festigkeit des betreffenden Teils oder überhaupt nach der Verwendbarkeit von Preßstoff für den vorgesehenen Zweck hinreichend zu beantworten.

Verschleißfestigkeit. Das Verschleißverhalten der Kunstharzpreßstoffe bei Beanspruchung durch Angreifen ist außerordentlich gut. Die Teile büßen lediglich etwas an Hochglanz ein, verändern sich aber im übrigen auch bei jahrelangem, stärkstem Gebrauch nicht. Die durch starke Reibungsbeanspruchung auftretende Abnutzung, die für die Haltbarkeit von Zahnrädern und Gleitlagern von Wichtigkeit ist, wird weiter unten bei der Behandlung dieser Maschinenteile besprochen werden.

Dauerfestigkeit. Die fortschreitende Entwicklung in der Anwendung der Preßstoffe im Maschinenbau verlangte Aufschluß über ihr Verhalten bei Dauerbeanspruchungen. Versuche von Thum und Jacobi[1] zeigten, daß das Verhältnis der Dauerbiegefestigkeit zur Biegefestigkeit bei den einzelnen Typen zwischen 0,25 und 0,43 liegt. Hierbei ist unter Dauerbiegefestigkeit die nach $2 \cdot 10^7$ Lastwechseln gerade noch ausgehaltene Biegespannung verstanden. Wenn auch dieses Ergebnis, das an Prüfstäben ermittelt wurde, noch von anderen Umständen wie dem Vorhandensein von Bohrlöchern oder dem Fehlen der Preßhaut beeinflußt werden kann und somit nicht ohne weiteres auf Stücke beliebiger Gestalt übertragbar ist, so gestattet es doch wenigstens einen Anhalt bei der Wahl des bei Festigkeitsrechnungen einzusetzenden Sicherheitsfaktors.

c) Thermische Eigenschaften.

Beanspruchung durch hohe und tiefe Temperaturen. Bei der Frage nach den thermischen Kenngrößen der Kunstharzpreßstoffe müssen wir beachten, daß das Kunstharz ein organischer Stoff ist. Reines Harz hält dauernde Erwärmung auf 200°, kurzzeitige sogar bis 300° aus, ohne Schaden zu nehmen. Das gleiche gilt auch für die Typen 11, 12 und M, deren Füllstoffe anorganischer Natur sind. Weniger beständig sind die Preßstoffe, die Holzmehl, Gewebeschnitzel usw., also organische Harzträger enthalten. Immerhin kann kurzzeitiges Erwärmen auf 250° noch ertragen werden, sofern es sich um dickere Stücke handelt, deren Inneres infolge der geringen Wärmeleitfähigkeit keine wesentliche Temperatursteigerung erfährt. Ebenso wichtig ist die Kenntnis der höchsten Temperatur, der ein Stoff längere Zeit ohne wesentliche Einbuße seiner Festigkeit ausgesetzt werden kann. In Zahlentafel 2 sind die zulässigen Höchsttemperaturen bei dauernder und vorübergehender Wärmebeanspruchung angegeben. Für Dauer-

---

[1] Thum, A., u. H. R. Jacobi: Mechanische Festigkeit von Phenol-Formaldehyd-Kunststoffen. VDI-Forschungsheft 396. Berlin: VDI-Verlag 1939.

erwärmung sind die Temperaturen gewählt, bei denen die Biege- und die Schlagbiegefestigkeit um 10% nachlassen. Die Tabelle weist außerdem noch Werte für die sog. Wärmebeständigkeit nach MARTENS auf. Es ist dies die Temperatur, bei der eine bestimmte Durchbiegung eines Prüfstabs bei festgelegter Biegebeanspruchung erreicht wird. Sie hat für den Anwender von Preßstoffen nicht die Bedeutung, die der Höchsttemperatur bei dauernder Erwärmung zukommt. Die Glutfestigkeit ist ein Maßstab für die Brennbarkeit eines Stoffs. Auch sie interessiert den Maschinenbauer nicht in dem Maße wie etwa den Elektrotechniker, da solche thermischen Beanspruchungen bei Maschinenteilen nicht vorkommen, für die Preßstoff als Werkstoff in Frage kommen könnte.

Tiefe Temperaturen erhöhen die Sprödigkeit der Kunstharzpreßstoffe und setzen daher die Schlagbiegefestigkeit herab. Der Einfluß ist aber verhältnismäßig klein und verschwindet mit steigender Temperatur wieder.

Wärmeausdehnung und Schrumpfung. Die Wärmedehnzahl der Preßstoffe liegt etwas höher als die der Metalle. Sie ist jedoch beim einzelnen Typ durchaus nicht in sehr enge Grenzen eingeschlossen, sondern überdeckt einen recht großen Bereich. So schwankt sie beispielsweise beim Typ S zwischen 30 und $50 \cdot 10^{-6}$. Bei Preßteilen, von denen größte Genauigkeit verlangt wird, ist sie zu berücksichtigen. Auch bei der Verbindung von Preßstoff mit Metallen, z. B. durch Einpressen, kann sie zu Verbiegungen oder gar zu Brüchen führen. Bei stärkerer Erwärmung geht neben der reinen Wärmeausdehnung noch eine Schrumpfung einher[1], die auch noch nach der Abkühlung bestehen bleibt. Bei hoher thermischer Beanspruchung ist sie von Bedeutung.

Wärmeleitfähigkeit. Bei allen mechanischen Vorgängen, bei denen Reibungswärme in größerem Ausmaß entsteht, z. B. bei der Reibung der Wellenzapfen in Gleitlagern, spielt sie eine große Rolle. Ihrem Wert nach liegt sie um etwa 2 Zehnerpotenzen unter der thermischen Leitfähigkeit der Metalle. Dies ist, wie weiter unten noch näher erläutert werden wird, der Grund dafür, daß sich Kunstharzpreßstoffe als Lagerwerkstoffe bei hohen Umfangsgeschwindigkeiten nicht bewährt haben.

Vorteilhaft hat sich dagegen der niedrige Wert dieser thermischen Kenngröße, wenn auch in ganz anderem Sinne, für die Anwendung der neuen Werkstoffe bei Gebrauchsgegenständen, Griffen usw. ausgewirkt. Das Gefühl der Kälte, das man beim Anfassen von Metall empfindet, tritt bei den Preßstoffen nicht ein; sie fühlen sich, ähnlich wie das Holz, warm an.

---

[1] GAST, TH., u. K. KLINGELHÖFFER: Z. Kunststoffe Bd. 28 (1938) S. 9.

d) Elektrische Eigenschaften.

Sie interessieren uns in diesem Zusammenhang weniger; es sei deshalb lediglich auf die Werte in Zahlentafel 1 hingewiesen, die zeigen, daß die Kunstharzpreßstoffe hervorragende isolierende Eigenschaften haben[1].

e) Verhalten gegen Feuchtigkeit und Chemikalien.

Wasseraufnahme. Preßstoffe mit anorganischen Füllmitteln sowie solche des Typs S sind grundsätzlich gegen Wasser beständig, sofern sie mindestens etwa 50% Harz enthalten. Selbst jahrelanges Liegen in Wasser verändert die Oberfläche nicht nennenswert. Die Aufnahme von Wasser erreicht je nach der Größe der Oberfläche im Vergleich zum Gesamtvolumen nach etwa 2—3 Jahren ihren Höchstwert und bleibt dann annähernd gleich. Sie beträgt bei den Typen 11, 12 und M ungefähr 2%; beim Typ S kann sie bis zu 12% erreichen. Der Preßstoff wird dadurch keineswegs angegriffen und verliert bei Lagerung an der Luft das aufgenommene Wasser wieder ziemlich rasch. Die dabei auftretende Quellung ist nicht bedeutend. Sie liegt beim Typ S nach einmonatiger Lagerung in Wasser unter 0,1%; bei den anorganisch gefüllten Typen ist sie noch geringer. Die anderen Preßstoffe mit organischen Harzträgern zeigen ein wesentlich ungünstigeres Verhalten. Bei längerer Wässerung quellen sie stark und bekommen Risse. Gegen kurzzeitigen Einfluß von Wasser, etwa während eines Tages, sind sie unempfindlich.

Gefährlicher als das volle Eintauchen in Wasser ist die einseitige dauernde Benetzung. Sie kann bei den Typen Z2, T2 und K infolge des Quellens auf der im Wasser liegenden Seite zu Verbiegungen und Rissen führen. Dem Typ S sowie den anorganischen Typen schadet eine solche einseitige Lagerung in Wasser nicht, sofern ihr Harzgehalt wenigstens 50% ausmacht.

Die chemische Beständigkeit ist bei allen Typen annähernd die gleiche. Organische Stoffe wie Fette, Öle, Lösungsmittel usw. haben keinen Einfluß. Sie greifen Preßstoffe in keiner Weise an, sondern können lediglich wie das Wasser zum Quellen führen. Auch gegen schwache Säuren ist die Beständigkeit recht gut. Starke Säuren führen jedoch zur schnellen Zerstörung. Die Widerstandsfähigkeit gegen Laugen ist geringer. Schon bei schwachen Laugen können chemische Angriffe, zum mindesten aber sehr starke Quellungserscheinungen eintreten.

Wettereinflüsse und Alterung. Maschinenteile stehen nur in seltenen Fällen unter einer fortgesetzten Wassereinwirkung. Dagegen kommt

---

[1] Über die elektrischen Eigenschaften und ihre Messung siehe Bd. 1 dieser Sammlung. Die Anwendung in der Elektrotechnik ist ausführlich dargestellt in R. VIEWEG: Elektrotechnische Isolierstoffe. Berlin: Springer 1939.

es häufiger vor, daß sie sich im Freien befinden und Wind und Wetter, Frost und Hitze aushalten müssen. Versuche ergaben, daß Preßstücke aus Typ S, die mehrere Jahre lang der Witterung ausgesetzt waren, lediglich ihren Hochglanz verloren hatten. Im übrigen hatten sie in keiner Weise gelitten. Die Typen mit anorganischen Füllmitteln weisen natürlich das gleiche gute Verhalten auf, aber auch die mit organischen Harzträgern hergestellten Typen bewähren sich im Freien recht gut,

Abb. 13. Bestreichmaschine.

da sie je stets Gelegenheit haben, die aufgenommene Feuchtigkeit wieder abzugeben.

Die Praxis hat gezeigt, daß gut ausgepreßte Stücke keinerlei Schädigung durch Altern unterworfen sind. Risse, die als Folgeerscheinungen innerer Spannungen anzusehen sind, lassen sich fast stets auf schlechte Durchhärtung oder falsche Konstruktion der Preßform zurückführen.

B. Geschichtete Preßstoffe.

1. Die Herstellung der geschichteten Preßstoffe und ihre Einteilung in Klassen.

Die geschichteten Preßstoffe enthalten neben dem Harz als Füllstoffe Bahnen aus Papier oder Gewebe. Diese Bahnen werden durch eine Spirituslösung des Harzes gezogen und dann getrocknet. Bei der technischen

Herstellung erfolgt die Tränkung in Bestreichmaschinen (Abb. 13). Das Papier oder Gewebe wird ein- oder zweiseitig bestrichen und durchläuft anschließend einen tunnelartigen Trockenofen, in welchem das Lösungsmittel verdampft und zum Teil wiedergewonnen wird. Bei dieser Trocknung geht das Harz, ein Resol, bereits in den B-Zustand (Resitol) über.

Abb. 14. Etagenpresse.

Während die nichtgeschichteten Preßmassen in Preßformen verarbeitet werden, erfolgt die Herstellung von Platten auf sog. Etagenpressen (Abb. 14). Eine solche Presse enthält eine Reihe von Heizplatten, zwischen die das bestrichene Papier oder die bestrichene Leinwand in Form aufeinander geschichteter Bogen eingeschoben wird. Von der Anzahl dieser Bogen hängt die Dicke der fertigen Platte ab. Die Heizplatten werden nun mit großem Druck zusammengepreßt, wobei die einzelnen Schichten zunächst zusammenkleben und dann unter Härtung des Harzes eine feste Platte ergeben. Eine glänzende Oberfläche läßt sich durch Zwischenlegen gut polierter Bleche erzielen.

An Stelle von Papier- und Gewebebahnen können auch Buchenholzfurniere als Harzträger verwendet werden. Sie werden mit einer dünnen Kunstharzschicht überzogen und bei hoher Temperatur verpreßt. Unter Anwendung elektrisch geheizter Drahtgewebe als Einlage in der Harzschicht lassen sich Platten beliebiger Dicke herstellen. Der Preßdruck kann auch so hoch sein, daß nicht nur eine Verbindung, sondern auch eine gleichzeitige Verdichtung der Holzscheiben stattfindet. Dieses verdichtete Schichtholz hat andere Eigenschaften und

Abb. 15. Rohrwickelmaschine.

damit auch einen anderen Anwendungsbereich als das nichtverdichtete. Weiter unten wird hierauf noch näher eingegangen.

Neben Platten werden aus geschichteten Preßstoffen auch Rohre und Stäbe hergestellt. Sie werden aus getränkten Bahnen zwischen heißen Walzen auf einen Dorn gewickelt. Hierbei erfolgt zunächst, ebenso wie bei den Platten, ein inniges Verkleben der Schichten, dem dann der Übergang des Harzes in den Endzustand folgt. Abb. 15 zeigt eine Rohrwickelmaschine. Rohre können aber auch nach dem Wickeln, das in diesem Falle nicht bis zur vollständigen Aushärtung vorangetrieben werden darf, noch in Formen nachgepreßt werden. Solche Rohre weisen ein viel dichteres Gefüge auf. Sie lassen sich in beliebigen Querschnittsformen fertigen. Daneben können aus geschichtetem Werkstoff auch Vollstäbe, Flachleisten, Profilleisten usw. hergestellt werden. Umpressungen von Metallteilen, z. B. von Zangengriffen, werden in der Elektrotechnik häufig zu Isolierzwecken angewandt.

Außer Phenol- und Kresolharzen kommen seit einiger Zeit auch Harnstoffharze bei geschichteten Preßstoffen zur Anwendung. Solche Platten unterscheiden sich von den üblicherweise braun oder schwarz gefärbten Hartpapieren dadurch, daß sie vollständig weiß und in allen beliebigen Farben geliefert werden können.

Je nach Art der Harzträger unterscheidet man Hartpapier und Hartgewebe. Die Sorte von Papier und Gewebe und die Dicke des Bestrichs ergeben recht unterschiedliche Qualitäten, so daß sich, ebenso wie bei den regellos verpreßten Massen, auch bei den geschichteten Preßstoffen eine Einteilung in Klassen als notwendig erwies. Die nebenstehende Zahlentafel 3 gibt einen Überblick über die geschichteten Preßstoffe. Bei den Hartpapieren ist die Klasse 2 die sog. Normalqualität, die für den Maschinenbau in erster Linie in Betracht kommt[1]. Die anderen Klassen sind vor allem für die Elektrotechnik

---

[1] Vorschriften VDE 0318, Normblatt DIN 7701.

Zahlentafel 3. Eigenschaften der geschichteten Preßstoffe.

Art des Werkstoffs	Biegefestigkeit kg/cm²		Schlagbiegefestigkeit cmkg/cm² mind.	Zugfestigkeit kg/cm² mind.	Druckfestigkeit kg/cm² mind.	Spaltbarkeit kg mind.	Wärmebeständigkeit °C	Wasseraufnahme für 3 mm Dicke % höchstens	Wichte kg/dm³
	unbearbeitet mind.	bearbeitet mind.							
Hartpapier (Platten) Klasse I	1300	1000	25	1000	1000	200	130	11	$< 1{,}42$
Klasse II	1500	1300	25	1200	1500	200	130	11	$< 1{,}42$
Klasse III	1300	1000	15	1000	—	—	150	8	$< 1{,}42$
Klasse IV	800	700	8	700	—	—	150	1,5	$< 1{,}42$
Hartgewebe (Platten) Klasse G	1000	800	25	500	2000	300	130	3	$< 1{,}42$
Klasse F	1300	1000	30	800	2000	250	130	3	$< 1{,}42$
Klasse GZ	1000	800	30*	500	1800	300	130	3	$< 1{,}42$
Klasse FZ	1000	800	30*	500	1800	250	130	3	$< 1{,}42$
Rundrohre, gewickelt	800	—	—	500	400	—	130	—	$> 1{,}05$
Rohre, gepreßt	—	—	—	—	700	—	130	—	$> 1{,}15$
Umpressungen	—	—	—	—	—	—	130	—	—
Vollstäbe	1000	—	15	500	800	—	130	—	$> 1{,}3$
Flachleisten	800	—	15	500	500	—	130	—	$> 1{,}15$
Formstücke	—	—	—	—	—	—	130	—	$> 1{,}15$

* Kerbzähigkeit senkrecht zu den Schichten mind. 18 cmkg/cm².

bestimmt. Die elektrischen Eigenschaften sind in der Zahlentafel nur zum Teil wiedergegeben, da sie für uns nicht von Interesse sind. Auf die Eigenschaften wird weiter unten noch ausführlich eingegangen. Schichtholz und Harnstoffharz-Hartpapierplatten sind in der Klasseneinteilung nicht erfaßt.

2. Die Bearbeitung.

Die werkstoffgerechte Formgebung der nichtgeschichteten Preßstoffe ist die spanlose Formung. Grundsätzlich kann sie auch stets angewandt werden. Nur da, wo sich aus wirtschaftlichen Gründen eine spanabhebende Bearbeitung als günstiger erweist, etwa bei Löchern oder Gewinden senkrecht zur Fließrichtung der Masse, wird dieser der Vorzug gegeben.

Anders steht es bei den geschichteten Preßstoffen. Bei ihnen erfolgt die Bearbeitung durch Bohren, Sägen, Fräsen usw. in der gleichen Weise, wie sie uns von den Metallen her bekannt ist. Dabei ist jedoch folgendes zu beachten. Geschichtete Preßstoffe weisen eine ausgesprochene Schichtrichtung auf, d. h. bei ihrer Bearbeitung, etwa beim Bohren, ist es nicht gleichgültig, ob der Bohrer in Schichtrichtung oder senkrecht dazu in den Werkstoff eindringt. Während im ersten Fall bei dünnen Platten sehr leicht ein Platzen eintreten kann, wenn der Vorschub zu schnell erfolgt oder wenn sich Bohrspäne festklemmen, besteht im zweiten Falle eine derartige Gefahr nicht.

Nachstehend sei über die spanabhebende Bearbeitung kurz das Wichtigste zusammengefaßt[1].

Als Werkzeuge soll man stets solche verwenden, die aus Hartmetall gefertigt oder deren Schneiden doch wenigstens mit aufgelöteten Hartmetallscheiben versehen sind. Preßstoffe greifen die Schneiden stark an; daher ist eine stete Überwachung der Schneidfähigkeit des Werkzeugs angebracht. Die Schnittgeschwindigkeit soll recht hoch sein, der Vorschub dabei klein. Die entstehende Wärme ist infolge der geringen Härte des Werkstoffs nicht bedeutend, doch kann sie sich wegen der geringen Wärmeleitfähigkeit nach einiger Zeit unangenehm bemerkbar machen. Gute Spanabfuhr, unter Umständen durch Anwendung von Preßluft, ist daher notwendig. Schmier- bzw. Kühlmittel erübrigen sich im allgemeinen. Zur Entfernung von Spänen und Staub haben sich, ähnlich wie bei der Holzbearbeitung, Staubsaugeanlagen bewährt (Abb. 16). Zum Schneiden bedient man sich vorteilhaft einer Kreissäge mit ungeschränkten, jedoch hinterschliffenen Zähnen. Die Umfangsgeschwindigkeit soll rund 50 m/s betragen und der Blattdurchmesser bei 300 mm liegen. Dünne Platten können auch mit der Schlag-

---

[1] Ausführlich in: VDI-Richtlinien, Gestaltung und Verwendung von Gleitlagern aus Kunstharzpreßstoff. Berlin: VDI-Verlag 1939.

schere geschnitten werden, jedoch weisen solche Schnitte nicht die Sauberkeit eines Sägeschnitts auf.

Zum Bohren sind sog. Gummibohrer den gewöhnlichen Spiralbohrern vorzuziehen, da sie die Späne besser abführen. Häufiges Lüften ist zu empfehlen. Für große Löcher eignet sich am besten ein Kreisschneider. Sie werden mit diesem zweckmäßigerweise von beiden Seiten gebohrt.

Das Drehen wird ebenfalls mit hoher Schnittgeschwindigkeit bis zu 200 m/min vorgenommen. Der günstigste Freiwinkel liegt bei etwa 8°; der Spanwinkel soll zwischen 10° und 15° betragen. Beim Fräsen ist

Abb. 16. Besäumen einer Platte.

die Auslaufseite des Werkstücks gegen Ausbrechen zu sichern. Die Schnittgeschwindigkeit kann bei Hartmetallwerkzeugen bis zu 300 m/min betragen.

Dünne Platten bis zu 1 mm können ohne Schwierigkeit gestanzt werden. Dickere Platten erwärmt man auf etwa 80°, wobei der Werkstoff vorübergehend etwas an Sprödigkeit einbüßt.

Schleifen und Polieren ist ebenso leicht möglich. Im allgemeinen wird trocken auf Schleifbändern geschliffen; es können aber auch Schleifscheiben bei guter Wasserspülung Verwendung finden. Zum Auftragen von Poliermitteln eignen sich Nesselscheiben. Durch Nachglänzen mit Flanellscheiben lassen sich hochglänzende Oberflächen erzielen.

3. Die Eigenschaften.

Spaltbarkeit. Das hervorstechendste Merkmal beim Vergleich der Eigenschaften geschichteter und nichtgeschichteter Preßstoffe ist die

Richtungsabhängigkeit bei den ersteren. Während die regellos verpreßten Stoffe in jeder Richtung gleiche mechanische Werte ergeben, ist es, wie bereits bei der Besprechung der Bearbeitung erwähnt wurde, bei geschichteten Platten nicht gleichgültig, ob die Beanspruchung senkrecht oder parallel zu den Schichten erfolgt. Das ist ohne weiteres einleuchtend, denn im ersten Falle wird nur die Verklebung der Schichten belastet, während im zweiten die hohe Zugfestigkeit der Papier- oder Gewebebahnen in der Längsrichtung ausgenutzt wird. Es soll daher eine Beanspruchung senkrecht zu den Schichten grundsätzlich vermieden werden.

Als Maß für das gute Aneinanderhaften der Schichten kann die in Zahlentafel 3 angegebene Spaltfestigkeit dienen. Die Zahlen haben jedoch nur als Vergleichswerte Bedeutung und können als absolute Werte keineswegs rechnerisch verwandt werden.

Zug und Biegung. Die Zugfestigkeit der geschichteten Preßstoffe liegt um ein Vielfaches höher als die der nichtgeschichteten. Diese Tatsache ist für den Konstrukteur von großer Bedeutung, denn die größere Zugfestigkeit hat auch eine größere Biegefestigkeit im Gefolge. Der Elastizitätsmodul hält sich in den gleichen Grenzen wie bei den nichtgeschichteten Preßstoffen. Das bedeutet aber, daß bei geschichteten Werkstoffen bis zum Bruch eine so große Durchbiegung stattfindet, daß sie häufig nicht zu vernachlässigen ist. So kann sie in gewissen Fällen, z. B. bei der Berechnung von belasteten Abdeckungen von Hohlräumen, etwa im Fußboden von Maschinenräumen, eine Rolle spielen.

Schlagbeanspruchung. Auch bezüglich der Schlagbiegefestigkeit überragen die Schichtstoffe die anderen Preßstoffe. Für stark beanspruchte Teile soll man ihnen den Vorzug geben, sofern es nicht möglich ist, das Stück aus Typ T3 oder Z3 herzustellen oder gegebenenfalls den Typ S zu verwenden und nur an den gefährdeten Stellen geschichtetes Material einzupressen.

Wärme. Das Verhalten der geschichteten Preßstoffe bei thermischer Beanspruchung entspricht etwa dem der nichtgeschichteten mit organischen Füllmitteln. Eine Temperatur von 100° wird auf die Dauer ohne weiteres ausgehalten. Kurzzeitig kann die Erwärmung auf 150° getrieben werden. In Öl werden 130° einige Stunden lang ohne Nachteil ausgehalten. Platten, die unter Verwendung von Asbestgewebe gefertigt wurden, vertragen eine Dauererwärmung auf 150°, eine kurzzeitige sogar von 200°.

Feuchtigkeit. Neben der mechanischen Festigkeit ist in fast noch höherem Maße das Verhalten bei Einflüssen von Feuchtigkeit ein auffallendes Merkmal des Unterschieds zwischen geschichteten und nichtgeschichteten Preßstoffen. Wasser dringt in Schichtrichtung bedeutend stärker ein als senkrecht dazu. Angaben über die Größe der Wasseraufnahme sind daher von der Gestalt des Prüfkörpers abhängig. In dem nachstehenden Schaubild (Abb. 17) ist die höchstzulässige Wasseraufnahme für die einzelnen Klassen in Gewichtshundertteilen nach 4 tägigem Liegen in Wasser in Abhängigkeit von der Plattendicke angegeben. Die Werte beziehen sich auf Stäbe, die aus Platten herausgeschnitten wurden. Sie haben die Abmessungen 120 mm × 15 mm × Plattendicke.

Hartpapier ist naturgemäß wasserempfindlicher als Hartgewebe. Für dauerndes Liegen in Wasser ist es nicht geeignet. Vorübergehende Benetzung ist ohne Einfluß, da das aufgenommene Wasser sehr schnell wieder an die Luft abgegeben wird. Mit der Wasseraufnahme ist eine nicht unbedeutende Quellung, insbesondere senkrecht zu den Schichten, verbunden. Versuche zeigten, daß dünne Platten (etwa 1 mm stark) nach 14 tägiger Lagerung in Wasser um etwa 10% dicker wurden. Diese Erscheinung war aber bereits nach 2 tägigem Liegen an der Luft wieder restlos verschwunden. Die Platten hatten sich in keiner Weise verändert.

Hartgewebe ist gegen Wasser viel unempfindlicher als Hartpapier. Die Wasserfestigkeit abgearbeiteter Flächen kann noch

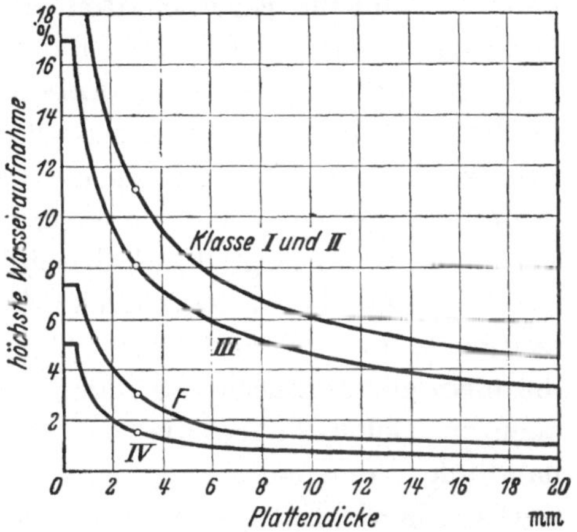

Abb. 17. Höchstwerte der Wasseraufnahme von Hartpapieren und Hartgewebe Klasse F nach VDE 0318.

durch Kochen des Stücks in Öl verbessert werden. Dauernde Berührung mit Wasser ist jedoch auch bei Hartgewebe bedenklich, sofern ihm nicht gelegentlich die Möglichkeit zur Abgabe des aufgenommenen Wassers an die Luft gegeben wird.

Eine weitere Erscheinung, die infolge von Wasseraufnahme eintritt, ist das Werfen der Platten. Es erfolgt bei Hartpapierplatten großer Abmessungen, wenn sie einseitig mit Feuchtigkeit in Berührung sind, beispielsweise bei Belägen auf feuchten Wänden.

Einfluß von Chemikalien. Die chemische Beständigkeit von geschichteten Preßstoffen ist die gleiche wie die der nichtgeschichteten Typen mit organischen Füllstoffen. Es ist jedoch zu beobachten, daß niedrig-viskose Flüssigkeiten, etwa Kraftstoffe für Motoren, leichter eindringen als Wasser. Sie rufen zwar keine chemische Veränderung hervor, können aber zu unzulässig hohen Quellungen führen.

C. Wirtschaftliches.

1. Die Wahl des Werkstoffs.

Die Wahl des Werkstoffs ist eine Frage, die in erster Linie durch die Notwendigkeit bedingt ist, heimische Werkstoffe an Stelle fremder zu setzen. Darüber hinaus liegt die Entscheidung in den Händen des Kaufmanns. Voraussetzung allerdings ist, daß sich der neue Werkstoff auch eignet. Gerade in diesem Punkte wurde und wird auch heute noch viel gesündigt. Es ist grundfalsch, früher aus Metall gefertigte Teile aus Unkenntnis einfach in Preßstoff formgetreu nachzuahmen, ohne sich um die Eigenschaften dieses Werkstoffs zu kümmern. Viele Mißerfolge sind auf Unerfahrenheit und auch auf die Unkenntnis des Verhaltens dieser Austauschstoffe gegenüber Beanspruchungen mechanischer und thermischer Art oder gegenüber Feuchtigkeitseinwirkung zurückzuführen. Richtig ist es, beim Einsatz von Preßstoffen von Grund auf neu zu konstruieren und in diesen Werkstoffen zu denken. Erst dann ist es möglich, die besonderen Vorteile des Preßstoffs gegenüber den Metallen auszunutzen. Vor allem sind dies die Korrosionsfestigkeit, der geringe Verschleiß und das elektrische Verhalten. Auch die niedrige thermische Leitfähigkeit ist zuweilen erwünscht, wenn sie auch in vielen Fällen die Anwendung erschwerte. Obwohl die Behandlung dieses ganzen Fragenkomplexes mit dem Kunden des Preßwerks, wie die Entwicklung zeigt, immer mehr eine Angelegenheit des Ingenieurs wird, so bleibt doch auch dem Kaufmann noch ein Betätigungsfeld; denn die Preßstoffe weisen eine Reihe von Eigenschaften auf, deren Auswertung auch ihm möglich ist. Das gute Aussehen der Oberfläche und die geringe Abnutzung beim Angreifen sind ebenso günstig für den Verkauf wie die reiche Farbenauswahl, die bestechend auf den Kunden wirkt, vor allem auf den meist technisch unerfahrenen Käufer von Haushalt- und Gebrauchsartikeln.

Während die Aminoplaste alle Farben zulassen, ist es nicht möglich, Phenoplaste wegen ihrer natürlichen gelbbraunen Färbung in sehr hellen Tönen herzustellen. Zur Vereinheitlichung der Preßmassebezeichnungen wurde für Phenoplaste ein Zahlenschema vorgeschlagen, das die Harzart, die Zusammensetzung und die Farben sofort aus der Bezeichnung zu erkennen gestattet. Die Kennzeichnung der betreffenden Preßmasse erfolgt durch eine 4stellige Zahl. Die erste Ziffer bezeichnet die Art des Harzes, während die zweite den Harzgehalt ausdrückt. Die beiden letzten Ziffern ergeben zusammen die Farbe. Zahlentafel 4 gibt die Einzelheiten wieder. Bei den Farben bedeuten die größeren Zahlen dunklere Töne. Beispiele: S 1609 bezeichnet eine naturfarbene 50proz. Phenolware vom Typ S. T 2 4429 ist eine mahagonifarbene Kresolware vom Typ T 2 mit 40% Harzgehalt.

Zahlentafel 4. Phenol- und Kresolharz-Preßmasse-Bezeichnungen.

Harzart 1. Ziffer	Harzgehalt 2. Ziffer		Farbe 3. und 4. Ziffer
1 Phenol	3	35%	00 . . 09 weiß, elfenbein, gelb, natur
2 Phenol, ammoniakfrei . . .	4	40%	10 . . 19 braun
3 Phenol, geschmackfrei . .	5	45%	20 . . 29 rosa, rot bis mahagoni
4 Kresol	6	50%	30 . . 35 grün
5 Kresol, ammoniakfrei . . .	7	55%	36 . . 39 blau
	8	60%	40 . . 49 grau bis schwarz
	0	100%	50 . . 79 marmoriert
			80 . . 99 getupft

Bisher festgelegte Farben:

natur 09	nußbraun 18	schwarz 49
mahagoni 29	hellrot 23	mittelgrün 33
hellrot-schwarz 50	mittelgrün-schwarz 51
natur-hellrot-schwarz 52	mahagoni-hellrot 54
hellrot-mahagoni 56	mahagoni-schwarz-getupft 99

2. Die Wahl des Preßstoffs.

Für die Wahl des Preßstoffs ist neben der durch ihre physikalischen Kenngrößen bedingten Eignung der Preis maßgebend. Dieser hängt außer von den Formkosten von der Stückzahl ab. Die Kosten des Preßwerkzeugs sind oft recht beträchtlich. Sie liegen beispielsweise bei der Form für das Gehäuse des Volksempfängers VE 301 zwischen RM. 5000.— und 6000.—. Bei kleinen Mengen würden sie das Preß- stück zu sehr belasten. Nichtgeschichtete Preßstoffe sind wirtschaftlich nur bei Massenanfertigung gerechtfertigt. Die Formkosten verteilen sich gleichmäßig auf die einzelnen Stücke; der Stückpreis sinkt daher mit zunehmender Stückzahl. Von ihr ist auch die Wirtschaftlichkeit insofern abhängig, als sie dafür maßgebend ist, ob ein Einfach- oder ein Mehrfachwerkzeug gewählt werden soll. Schließlich beeinflußt sie auch die Wirtschaftlichkeit der dem Preßvorgang folgenden Arbeits- gänge wie Entgraten, Schleifen, Polieren, Bohren usw., denn es lohnt sich bei großen Mengen, für diese Arbeiten besondere Vorrichtungen zu schaffen, durch die dann der Lohnanteil am Fertigstück gesenkt werden kann.

Bei kleinen Stückzahlen ist die Verwendung geschichteter Preß- stoffe preislich günstiger und daher vorzuziehen. Die Grenzstückzahl, unterhalb derer der geschichtete und oberhalb derer der nichtgeschichtete Preßstoff wirtschaftlicher ist, wird durch die sog. Preisschere ermittelt. Das sei an einem Beispiel erläutert. Die Abb. 18 und 19 stellen eine Rolle dar, die sowohl aus nichtgeschichtetem (Abb. 18) als auch aus geschichtetem (Abb. 19) Preßstoff hergestellt werden kann. Die Kon- struktionen weichen etwas voneinander ab, da die Gestaltungsregeln für die beiden Werkstoffarten ja nicht übereinstimmen. Während im

einen Fall die Gestaltung preßgerecht erfolgte, wurde sie im andern
so gewählt, daß sich die Bearbeitung auf einen möglichst kleinen Um-

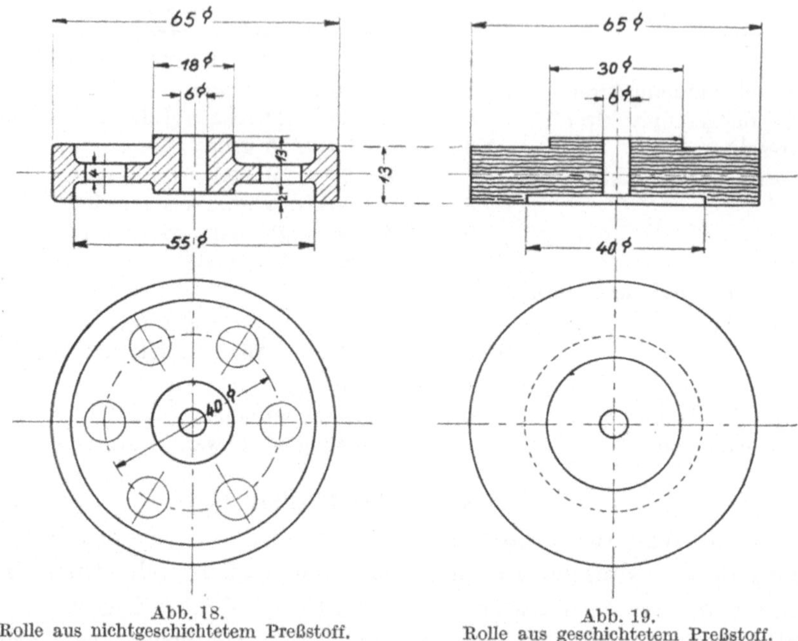

Abb. 18.
Rolle aus nichtgeschichtetem Preßstoff.

Abb. 19.
Rolle aus geschichtetem Preßstoff.

fang beschränkte. Der Preis für eine Einfachform beträgt RM. 360.—,
für ein Vierfachwerkzeug RM. 890.—. Die Stückkosten machen bei
Typ S im ersten Fall RM. 0,24, im zweiten RM. 0,14 aus. Unter Ver-

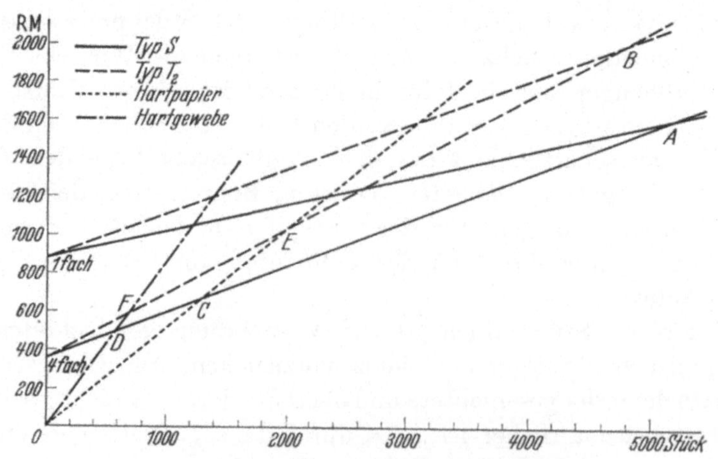

Abb. 20. Preisschere für die Rollen von Abb. 18 und 19.

wendung von Typ T2 sind es RM. 0,34 und RM. 0,23. Aus Hartpapier
gearbeitet kostet das Stück RM. 0,52, aus Hartgewebe RM. 0,90. Dieser
Sachverhalt ist in Abb. 20 graphisch dargestellt.

Wir entnehmen daraus:

1. Die Anfertigung einer Vierfachform lohnt sich bei Typ S erst bei mindestens 5300 Stck. (Punkt A).

2. Beim Typ T 2 liegt diese Stückzahlgrenze bei 4818 Stck. (Punkt B).

3. Liegt die Stückzahl unter 1286, dann ist die Verwendung von Hartpapier wirtschaftlicher (Punkt C).

4. Falls das Stück einer Feuchtbeanspruchung ausgesetzt werden soll, der Hartpapier nicht genügt, so ist Hartgewebe zu nehmen. Bei einer Stückzahl von über 545 lohnt sich aber der Bau einer Einfachform und die Verwendung von Typ S (Punkt D).

5. Bei großer Schlagbeanspruchung kommen nur Typ T 2 und Hartpapier in Betracht. Die Grenze liegt in diesem Falle bei 2000 Stck. (Punkt E).

6. Gleichzeitiges gutes Verhalten gegen Schlag und Feuchtigkeit läßt nur die Wahl zwischen Typ T 2 und Hartgewebe zu. Die Stückzahlgrenze beträgt 632 Stck. (Punkt F).

Schließlich sei noch kurz auf die Maßabweichungen eingegangen, die sich bei der Herstellung der Formen und beim Pressen ergeben. Die Toleranzen, die bei allen Typen etwa übereinstimmen, sind in der nebenstehenden Zahlentafel 5 zusammengestellt.

Zahlentafel 5.
Toleranzen für Preßstücke.

Maßstufen mm		Toleranz ± mm
0 bis 6		0,1
über 6 „ 18		0,2
„ 18 „ 30		0,3
„ 30 „ 50		0,4
„ 50 „ 80		0,6
„ 80 „ 120		0,8
„ 120 „ 180		1,0
„ 180 „ 250		1,3
„ 250 „ 315		1,6
„ 315 „ 400		2,0
„ 400 „ 500		2,5

Sie gelten für alle in der Zeichnung nicht besonders tolerierten Maße. Bei Stücken, die ein besonders genaues Maß verlangen, kann die Toleranz auf etwa die Hälfte herabgesetzt werden. Noch engere Toleranzen sind ebenfalls möglich, jedoch ist hierzu Nacharbeit erforderlich. Werte die etwa ein Viertel der in Zahlentafel 5 angegebenen ausmachen, lassen sich erzielen. Selbstverständlich gelten diese Angaben nur für formgebundene Maße. Die Abweichungen können in der Preßrichtung bedeutend größer sein, da sie von dem mehr oder weniger guten Schließen der Form abhängen.

II. Anwendungen von Kunstharzpreßstoffen im Maschinenbau.

A. Einleitung.

Wenn die Preßstoffe ursprünglich als Isolierstoffe vorwiegend verwandt wurden, so verdanken sie das ihrem hervorragenden elektrischen Verhalten. Vor allem der Typ S beherrschte das Feld, da an Isolierstücke im allgemeinen keine allzu großen Anforderungen bezüglich ihrer mechanischen Festigkeit gestellt werden. Bessere thermische Eigenschaften wurden zuweilen gewünscht. Dieses Verlangen erfüllten die anorganisch gefüllten Typen 1 und M. Hartpapierplatten dienten wegen ihrer ausgezeichneten elektrischen Durchschlagsfestigkeit hauptsächlich in der Hochspannungstechnik als Baustoff.

Die Entwicklung ist aber vorangeschritten. Zunächst wurde der Typ S als Baustoff für Haushaltartikel eingesetzt. Die Gründe dafür lagen einmal in der Forderung, devisengebundene Metalle weitgehend einzusparen und durch heimische Werkstoffe zu ersetzen. Darüber hinaus haben sich aber Preßstoffgegenstände durch ihre schöne Oberfläche, die reiche Auswahl ihrer Farben, besonders beim Typ K, das angenehme, warme Anfassen und schließlich durch die Vielgestaltigkeit geschmackvoller Formen, die sich mit anderen Werkstoffen wie Metall oder Holz nicht erreichen ließen, beliebt gemacht.

Maschinenteile wurden, abgesehen von Griffen und ähnlichen belanglosen Teilen, so gut wie gar nicht aus Preßstoff gefertigt. Lediglich die Eignung von Hartgewebe als Zahnradwerkstoff wurde schon vor längerer Zeit erkannt. Erst als sich der Ersatz von Buntmetallen als dringend notwendig erwies, wurden Versuche mit Preßstofflagern durchgeführt. Sie brachten den Preßstoffen einen ungeahnten Erfolg und stellen wohl auch heute noch die wichtigste Anwendung dieser Stoffe im Maschinenbau dar. Gerade die Entwicklung dieser Maschinenteile wurde von vielen führenden Firmen der Preßstoffindustrie besonders gepflegt.

Einen weiteren Schritt beim Eindringen der Preßstoffe in das Gebiet des Maschinenbaus bedeutete die Anwendung geschichteter Preßstoffe als Baustoff für zahlreiche Apparateteile, Vorrichtungen und Lehren, deren Massenanfertigung sich wegen ihrer Vielgestaltigkeit nicht lohnen würde.

Als es schließlich gelang, größere Preßstücke aus weitgehend geschichteten Stoffen herzustellen, die hervorragende mechanische Eigenschaften aufweisen (Typ T3 und Z3), wurde das Anwendungsgebiet derart erweitert, daß es heute wohl kaum einen Zweig des Maschinenbaus gibt, in dem Preßstoff nicht in irgendeiner Form verwendet würde.

Im folgenden sollen zunächst rein mechanisch beanspruchte Maschinenteile besprochen werden. Einige Beispiele für Preßstücke, die außer mechanischen noch anderen zusätzlichen Einflüssen ausgesetzt sind, sollen folgen. Im Anschluß daran wird eine Übersicht über den Einsatz der Preßstoffe im Maschinen- und Apparatebau sowie in verwandten Industriezweigen gegeben. Sie soll einen Überblick über das bisher Geleistete gestatten und zur weiteren Anwendung von Preßstoffen im Maschinenbau anregen.

B. Mechanisch beanspruchte Maschinenteile.

1. Gleitlager.

a) Lagerformen.

Einteilige Lager. Wir unterscheiden zwei Arten von Gleitlagern, ungeteilte und geteilte. Die einfachste Art des ungeteilten Lagers ist

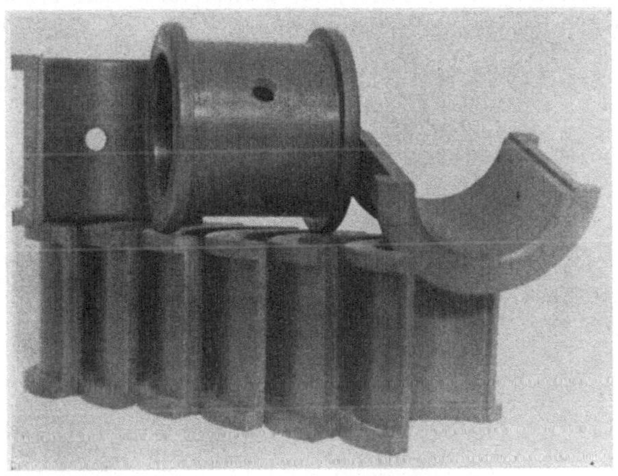

Abb. 21. Lagerschalen aus Preßstoff.

das sog. Lagerauge. Es ist nichts anderes als ein in das Maschinenteil gebohrtes Loch. Naturgemäß ist seine Anwendbarkeit in dieser Form beschränkt, da es großen Beanspruchungen nicht gewachsen ist

Abb. 22. Lagersegmente.

und bei Abnutzung nicht ausgewechselt werden kann. Bei größerer Drehzahl und stärkerer Belastung buchst man das Lager aus, d. h. man setzt eine Büchse ein, die nach starkem Verschleiß erneuert werden kann. Ein solches Büchsenlager besteht aus dem Lagergehäuse und der Büchse.

Mehrteilige Lager. Sie gestatten, im Gegensatz zu den einteiligen Lagern, das Einlegen von Wellen. Das Gehäuse setzt sich aus dem Lagerkörper und dem mittels Schrauben befestigten Lagerdeckel zusammen. Bei zweiteiligen Lagern liegt die Unterschale im Lagergehäuse, die Oberschale im Lagerdeckel. Sie können bei Verschleiß durch Anziehen der Deckelschrauben wieder nachgestellt werden. Mehrteilige Lager können auch 3 bis 4 Segmente enthalten. Die Nachstellung der Seitenschalen erfolgt durch Schrauben oder Keile. Abb. 21 zeigt einige Lagerschalen aus Preßstoff, während Abb. 22 Lagersegmente darstellt.

Abb. 23. Gleitstücke.

Sonderformen. Zu den Lagern können auch Gleitstücke und Geradführungen gerechnet werden, obwohl sie keine Elemente der drehenden Bewegung darstellen. Auch Schneckenräder unterliegen ähnlichen Beanspruchungen, wie sie bei Lagern auftreten. Auf sie wird jedoch erst bei der Behandlung der Zahnräder eingegangen werden. Abb. 23 gibt einige Gleitstücke wieder.

b) Gestaltung von Preßstofflagern.

Allgemeines. Ebenso wie bei anderen Preßstoffteilen ist auch bei den Lagern die werkstoffgerechte Ausbildung notwendig. Die einfache Nachahmung der bei Metallen bewährten Gestalt hat zu Mißerfolgen geführt. Von den physikalischen Eigenschaften verdienen vor allem die thermischen besondere Beachtung, so insbesondere die sehr geringe Leitfähigkeit und die im Vergleich zu Metallen größere Wärmedehnzahl. Daneben kann die bei höherer Temperatur auftretende Schrumpfung der Preßstoffe eine Rolle spielen. Von der gleichen Bedeutung ist auch das hygroskopische Verhalten; denn die durch Aufnahme von Schmiermittel erfolgende Quellung kommt als eine bei Metallagern unbekannte Erscheinung hinzu und erreicht Werte, die nicht vernachlässigt werden können.

Die bei den Metallen üblichen Lagerformen werden auch bei Preßstofflagern angewandt. Neben Büchsen und Lagerschalen finden wir
auch Segmentlager, die für Zapfen großer Abmessungen bestimmt sind.
Außer dieser Ausführungsart, bei der sich der Zapfen im Lager dreht,
ist bei Preßstoff eine Anordnung möglich, bei der die Büchse fest mit
der Welle verbunden ist und sich im Lagergehäuse dreht. Sie bietet
gegenüber der gewöhnlichen Art der Lagerung gewisse Vorteile.

Wanddicke und Lagerlänge. Die bei der Reibung zwischen Zapfen
und Lager entstehende Wärme muß abgeführt werden, wenn die Temperatur nicht unzulässig hoch werden soll. Diese Forderung ist ganz
besonders bei den Preß-
stofflagern zu erfüllen, denn
die zulässige Höchstgrenze
für Lager liegt bei diesen
Werkstoffen bei 90°. Die
Wärmeableitung erfolgt
durch das Schmiermittel
und die Welle. Außerdem
kann eine Kühlung des
Zapfens von außen durch
Wasser vorgenommen wer-
den. Die Wärmeleitfähig-
keit der Preßstoffe beträgt
rd. 0,3 kcal/mh °C, die
der Bronze etwa 40 bis
60 kcal/mh° C und die des
Stahls 25 bis 50 kcal/mh °C.

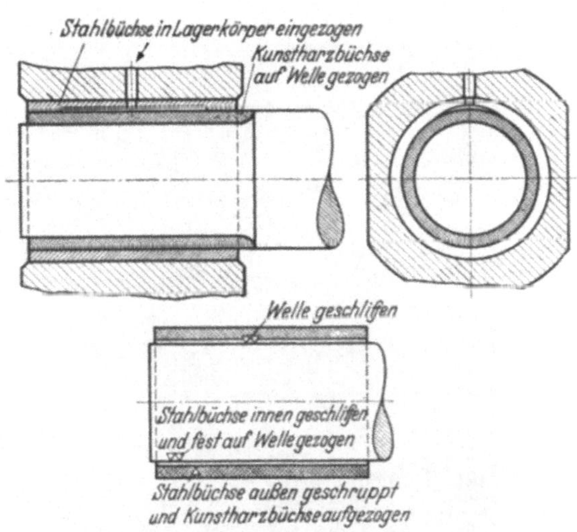

Abb. 24. Lager mit auf Welle aufgezogener Preßstoffbüchse.

Der Unterschied zwischen Preßstoff und Metall ist also gewaltig
und macht zwei Zehnerpotenzen aus. Es ist daher mit einer nennens-
werten Wärmeleitung durch die Lagerschalen hindurch nach dem
Gehäuse nicht zu rechnen, sofern diese nicht recht dünn gehalten
werden. Dieser Umstand ist ganz besonders bei Fettschmierung zu
beachten, da die kühlende Wirkung dieses Schmiermittels nicht allzu
groß ist. Dünne Wandungen sind auch noch deshalb vorteilhaft,
weil sie einen größeren Widerstand gegen Formänderungen bieten.
Ferner stehen sie mit den preßtechnischen Gestaltungsregeln im
Einklang.

Als thermisch besonders günstig hat sich die oben als Sonderform
angegebene Anordnung einer mit der Welle fest verbundenen Büchse
erwiesen (Abb. 24). Der isolierend wirkende Preßstoff liegt in diesem
Falle zwischen der Wärmequelle und der Welle, so daß zwar die Welle
als Wärmeableiter praktisch bedeutungslos wird, die Wärmeableitung
dafür aber in größerem Maße durch das Lagergehäuse stattfindet.

Selbstverständlich darf die Wanddicke des Lagers auch nicht zu dünn gewählt werden, da sonst die Gefahr des Bruchs zu groß wird. Als Richtwert mag etwa 10% des Zapfendurchmessers dienen. Lediglich Büchsen, die in Metall eingesetzt werden, können dünner gehalten werden.

Das günstigste Verhältnis von Lagerlänge zu Lagerdurchmesser beträgt für Preßstoffe 0,7 bis 1. Es liegt höher als das bei Metallagern übliche Verhältnis von etwa 0,5; denn dadurch wird die zulässige Flächenpressung erhöht, da sich der Formänderungswiderstand in der Achsenrichtung vergrößert. Infolge der geringen Gesamtlast, die Preß-

Abb. 25. Vorrichtung zum Ausdrehen eines Segmentlagers.

stoffe bei höherer Temperatur aufzunehmen vermögen, ist auch die durch die Wellendurchbiegung hervorgerufene Kantenpressung nicht so groß.

Einbau. Während die Druckfestigkeit der Preßstoffe für alle praktischen Beanspruchungen bei Lagern ausreicht, liegt die Biegefestigkeit recht niedrig. Diesem Umstand ist dadurch Rechnung zu tragen, daß eine Durchbiegung der Schalen unter allen Umständen verhindert wird. Sie müssen vollkommen satt aufliegen. Die Durchbiegung der Welle soll möglichst niedrig gehalten werden. Ferner ist auf eine genaue Ausrichtung zu achten, da Preßstoff, wie bereits oben erwähnt wurde, besonders kantenempfindlich ist. Diese Punkte sind vor allem bei stoßartig auftretender Belastung zu berücksichtigen, denn die Sprödigkeit und Schlagempfindlichkeit könnte sonst leicht zum Bruch des Lagers oder doch wenigstens zum Ausbröckeln führen.

Der sauberen Bearbeitung der Lauffläche ist große Aufmerksamkeit zu schenken, denn von ihrer Beschaffenheit hängt der gute und schnelle Einlauf des Lagers in hohem Maße ab. Abb. 25 zeigt eine Vorrichtung zum Ausdrehen eines Segmentlagers.

Büchsen sind recht stramm in das Gehäuse einzupressen. Wegen des niedrigen Elastizitätsmoduls kann das Übermaß groß gehalten werden. Schließlich kann sich auch Schrumpfen des Preßstoffs infolge

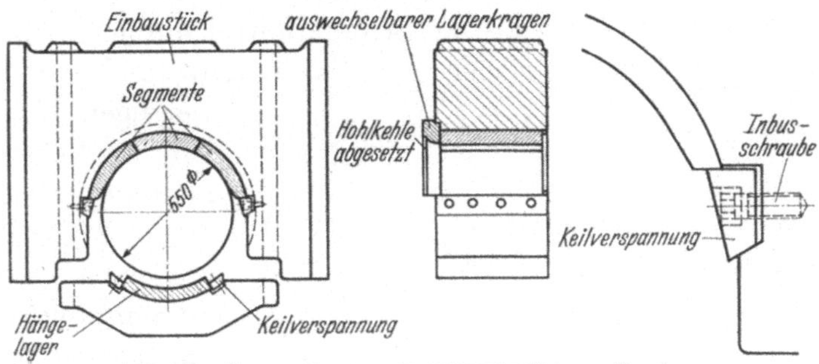

Abb. 26. Segmentlager mit auswechselbarem Bund.

von Temperaturerhöhung insofern schädlich auswirken, als er zum Lockern der Büchse führt. In der nachstehenden Zahlentafel 6 sind die Außendurchmesserabmaße für einzupressende Lagerbüchsen zusammengestellt[1]. Die Maße reichen aus, um ein Verdrehen oder Verschieben der Büchsen zu verhindern. Selbstverständlich ist auf gutes Abschrägen zu achten, da sich die Büchsen sonst wegen des großen Übermaßes beim Einsetzen leicht abschaben. Segmentlager müssen mit Vorspannung eingebaut werden. Zur Aufnahme des Seitenschubs ist ein Bund vorzusehen. Er ist am Übergang zum Lagerrücken gut abzurunden, wobei die Hohlkehle keineswegs zum Tragen kommen darf. Bei starkem Seitenschub können Schalen und Bund getrennt werden (Abb. 26). Dies bietet den Vorteil, daß bei früherem Verschleiß des Bundes nur dieser ausgewechselt werden muß.

Zahlentafel 6. Außendurchmesserabmaße für Lagerbüchsen.

Außendurchmesser in mm		Abmaß	
		unteres + mm	oberes ÷ mm
10 bis 18		0,08	0,20
uber 18 „ 30		0,10	0,30
„ 30 „ 50		0,15	0,40
„ 50 „ 80		0,20	0,50
„ 80 „ 120		0,25	0,70
„ 120 „ 180		0,30	0,90
„ 180 „ 250		0,40	1,10
„ 250 „ 315		0,50	1,30
„ 315 „ 400		0,60	1,40

c) Schmierung, Gleit- und Betriebseigenschaften.

α) **Das Lagerspiel.** Voraussetzung für den Betrieb eines Lagers ist die Erzielung des Zustandes der flüssigen Reibung. Die reibenden

[1] VDI-Richtlinien, Gestaltung und Verwendung von Gleitlagern aus Kunstharzpreßstoff. Berlin: VDI-Verlag 1939.

Flächen berühren sich in diesem Falle nicht mehr, sondern sind überall durch eine Flüssigkeitsschicht voneinander getrennt. Die Welle schwimmt also gewissermaßen im Schmiermittel. Dieses muß daher den gesamten Druck der Lagerbelastung aufzunehmen imstande sein. Das läßt sich nur dann erreichen, wenn das Schmiermittel hinreichend auf den Gleitflächen haftet, und wenn diese in der Bewegungsrichtung zueinander geneigt sind. Es entsteht dadurch eine keilförmige Flüssigkeitsschicht, auf der das Schwimmen der Welle durch Auflaufen der bewegten Gleitfläche ermöglicht wird, da das Schmiermittel durch die Bewegung in den Keilspalt hineingetrieben wird, sich staut und damit den notwendigen Druck liefert. Ein solcher Spalt kann nur dann entstehen, wenn der Lagerdurchmesser größer ist als der Zapfendurchmesser. Ihre Differenz heißt das Lagerspiel. Abb. 27 zeigt die Bewegung des Zapfens von der Ruhe bis zum vollen Lauf. Sein Mittelpunkt bewegt sich auf einem Halbkreis.

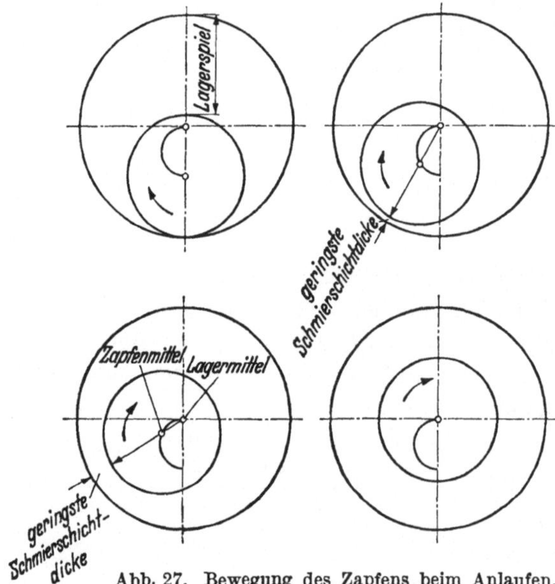

Abb. 27. Bewegung des Zapfens beim Anlaufen.

Die Größe des Lagerspiels hängt außer von der Umfangsgeschwindigkeit der Welle von der Lagerbelastung und den Schmier- bzw. Kühlverhältnissen ab. Auch die Oberflächeneigenschaften von Zapfen und Lager sind von Einfluß. Daneben spielen noch die Einbauverhältnisse, die bei der Frage der Lagertemperatur von Bedeutung sind, eine Rolle. Schließlich ist aber auch der Lagerwerkstoff maßgebend. Während bei Metallen recht kleines Lagerspiel angestrebt wird, weil sich dadurch die Tragfähigkeit des Lagers erhöht, ist dies bei den Preßstoffen nicht der Fall. Sie zeigen ein Verhalten, das den Metallen nicht eigen ist, nämlich die Erscheinung des Quellens und Schrumpfens. Die Schrumpfung hängt von der Lagertemperatur ab, die Quellung entsteht dagegen durch Schmiermittelaufnahme. Sie überwiegt gegenüber der Schrumpfung und führt zu einer Verkleinerung des Lagerdurchmessers. Eine weitere Bohrungsverengung erfolgt durch die Wärmeausdehnung des Zapfens. Es ist daher bei Preßstoffen das Lagerspiel größer zu wählen als bei den Metallen, zumal auch die Maßhaltigkeit bei der

spanabhebenden Bearbeitung von Preßstoffen keineswegs die der Metallbearbeitung erreicht. Als Richtwert mag 0,3 bis 0,4% des Wellendurchmessers dienen. Das Spiel verringert sich im Betrieb durch die genannten Erscheinungen. Der Quellung kann dadurch begegnet werden,
daß die Lager vor dem Einbau einige Stunden in Öl von 120° gebracht
werden[1].

β) **Die Schmierung.** Der Schmiervorgang. Die weitaus wichtigste
Frage beim Betrieb eines Lagers ist die nach der Schmierung. Nicht
nur das Schmier- bzw. Kühlmittel selbst, sondern auch die Art seiner
Zuführung ist maßgebend für das Bewähren eines Lagerwerkstoffs. Das
Gebiet der reinen Flüssigkeitsreibung wurde von Heidebroek eingehend untersucht[2]. Er fand, daß bei Preßstofflagern die Reibungszahlen mit den von den Metallagern her bekannten übereinstimmen.

Werden zwei ölbenetzte Flächen gegeneinandergedrückt, so ist es
außerordentlich schwer, durch ruhenden Druck das Öl restlos herauszuquetschen. Wenn nun aus irgendeinem Grunde weniger Schmiermittel zugeführt wird, dann verschwindet der flüssige Schmierfilm als
Träger des Bewegungsvorgangs, und es kommt diesen haftenden Schichten erhöhte Bedeutung zu. In diesem Gebiet der halbflüssigen Reibung
wirken sich die Werkstoffeigenschaften des Lagers erst praktisch aus.
Während die Reibungszahlen im Gebiet der reinen Flüssigkeitsreibung
bei Preßstoff und Metall übereinstimmen und bei steigender Belastung
ein Minimum erreichen, wachsen sie bei Überschreitung einer gewissen
Grenzlast bei den Metallen nur wenig. Die Last kann daher noch erheblich gesteigert werden[3]. Anders steht es bei den Preßstoffen. Bei
geringer Lastzugabe steigen Reibung und Lagertemperatur erheblich
an. Ein Fressen tritt zwar nicht ein, doch verläuft die Wärmeentwicklung so heftig, daß mit einem Verkohlen der Lauffläche zu rechnen
ist. Sofern die Zerstörung noch nicht weit vorgeschritten ist, kann
das Lager durch Nacharbeiten wieder in einen gebrauchsfähigen Zustand gesetzt werden. Gute und sichere Schmierung ist wegen dieser
ungünstigen Notlaufeigenschaften Voraussetzung für den Betrieb eines
Preßstofflagers.

Die Schmiermittel und ihre Zuführung. Von einem Schmiermittel wird neben guter Schmierwirkung Säurefreiheit verlangt. Für
Preßstofflager ist es außerdem von Wichtigkeit, daß es einen möglichst
geringen Einfluß auf das Quellen ausübt. Beuerlein und Reinartz

---

[1] Über die Tiefenwirkung dieser Vorbehandlung vgl. P. Beuerlein: Z. Kunststoffe Bd. 29 (1939) S. 251.

[2] Heidebroek, E.: Kunst- und Preßstoffe 2, S. 11, Berlin 1937 und Z. Kunststoffe Bd. 27 (1937) S. 263.

[3] Thum, A., u. R. Strohauer in Kühnel, R.: Werkstoffe für Gleitlager.
Berlin: Springer 1939.

fanden, daß sich geschwefelte Mineralöle in dieser Hinsicht besonders günstig verhielten[1]. Zähflüssige Öle verdienen den Vorzug, da sie ein kleineres Lagerspiel zulassen. Ihre kinematische Viskosität soll mindestens 36,8 Centistokes ($= 3°$ Engler) betragen[2]. Sie soll bei steigender Temperatur möglichst wenig abnehmen.

Für Lager mit hoher Umfangsgeschwindigkeit empfiehlt sich die Preßölschmierung. Sie erlaubt die Anwendung großer Schmiermittelmengen, die in Sammelbehältern gekühlt werden können. Dadurch wird ein unzulässiges Ansteigen der Lagertemperatur vermieden. Die Zuführung des Öls durch die Welle bietet gegenüber einer Zuführung durch das Lager den Vorteil des größeren Wärmeentzugs, da die Welle länger mit dem Öl in Berührung kommt und besser gekühlt wird.

Bei mittlerer und kleiner Umfangsgeschwindigkeit können auch Ring- und Tropfölschmierung Anwendung finden. Praktische Erfahrungen liegen jedoch noch nicht vor.

Schmierfetten gegenüber zeigen Preßstoffe eine größere Quellneigung, besonders bei Emulsionsfetten mit hohem Wassergehalt. Wasserabweisende Fette haben diese Eigenschaft nicht in gleich hohem Maße. Aus Gründen der Betriebssicherheit soll der Tropfpunkt der Fette wenigstens um $30°$ bis $40°$ über der Lagertemperatur liegen. Gewöhnliche Staufferfette mit einem Tropfpunkt von $85°$ bis $90°$ eignen sich daher im Dauerbetrieb nur für Lagertemperaturen bis etwa $60°$. Es sind deshalb Fettsorten mit großer Wärmebeständigkeit vorzuziehen. Wälzlagerfett mit einem Tropfpunkt von $145°$ hat sich bei Lagertemperaturen bis zu $100°$ als geeignet erwiesen[3].

Fettschmierung wird nur dann angewandt, wenn geringe Reibungswärme entsteht, also bei kleinen Umfangsgeschwindigkeiten oder im aussetzenden Betrieb. Die Zuführung erfolgt durch Staufferbüchsen oder, besonders bei höheren Belastungen, durch Preßfettschmierung. Auch Fettbriketts haben sich bewährt.

Wie wir bereits oben gesehen haben, bewähren sich Preßstoffe, vor allem Hartgewebe, nur dann für dauernde Lagerung unter Wasser, wenn sie vorher einer Ölbehandlung ausgesetzt wurden. Reines Wasser ist deshalb nur dann besonders geeignet, wenn eine zusätzliche Fettschmierung erfolgt. Das Fett bietet außerdem den Vorteil, daß es beim Anlaufen den Reibungswiderstand verkleinert.

Noch günstiger als Wasserschmierung mit Fettzusatzschmierung hat sich die Anwendung von Emulsionen erwiesen. Zusätze emulgierenden

---

[1] BEUERLEIN, P., u. A. REINARTZ: Z. Kunststoffe Bd. 27 (1937) S. 320.

[2] Die absolute Viskosität in Centipoise erhält man durch Multiplikation der kinematischen Viskosität mit der Wichte.

[3] ERNST, E.: Mitt. Forsch.-Anst. Gutehoffnungshütte Bd. 5 (1937) S. 243.

Öls zum Wasser erleichtern die Filmbildung, wodurch die Tragfähigkeit des Lagers erhöht wird.

Die geringe Wärmeleitfähigkeit der Preßstoffe erfordert große Schmiermittelmengen, um eine hinreichende Kühlung zu erzielen. Das große Lagerspiel wirkt sich in dieser Hinsicht günstig aus, denn es gestattet, ohne Erhöhung des Öldrucks reichlich Kühlmittel durch das Lager zu pumpen. Hierbei darf es nicht zu Stauungen beim Zu- oder Abfluß kommen. Diese Gefahr kann beispielsweise bei Verwendung leicht schäumender Emulsionen auftreten. Zweckmäßig ist bei Lagern, die nur in einer Richtung belastet werden.

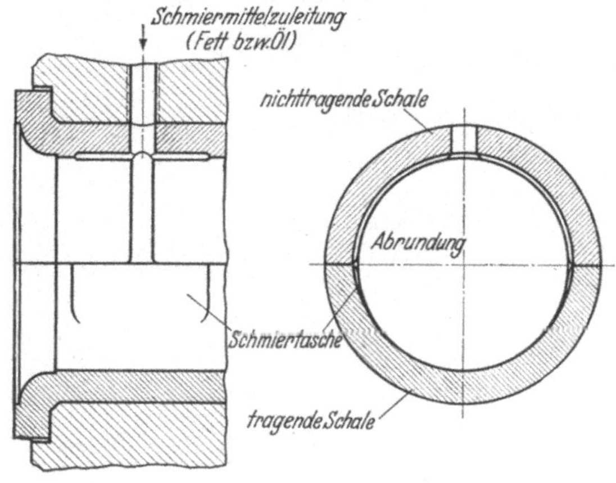

Abb. 28. Schmiermittelzuleitung und -verteilung in Preßstofflagern.

die Anordnung breiter seitlicher Öltaschen. Die Zuführung zu diesen Taschen erfolgt durch eine breite Ölnut, die an der unbelasteten Stelle des Lagers eingearbeitet ist. Wäre sie im belasteten Teil angebracht.

Abb. 29. Preßstoffschale mit Kühlschale.

so würde der Schmierfilm unterbrochen werden. Die Kanten sind gut abzurunden, damit das Öl nicht abgestreift werden kann (Abb. 28). Die Öltasche ist bis auf einen schmalen Rand an den beiden Lagerenden durchzuziehen. Die Nut kann bis auf Taschenbreite erweitert werden, sofern es sich um sehr große Schmiermittelmengen handelt (Abb. 29).

Eine andere Anordnung zeigt Abb. 30. Bei ihr sind die Unterschalen an der Öleinlaufseite keilförmig abgeschrägt. Der Druck wird von 90° der Unterschale aufgenommen.

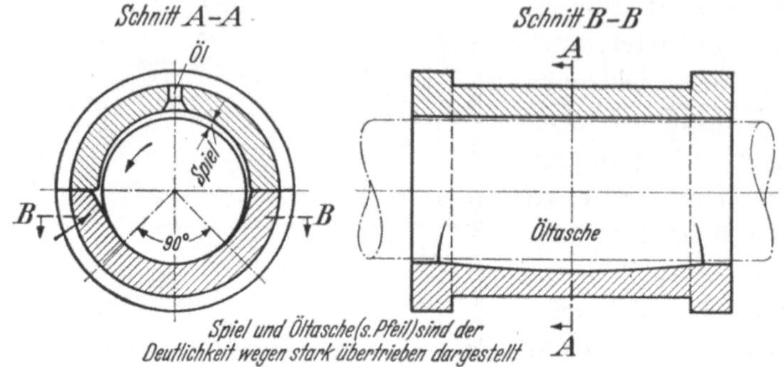

Abb. 30. Ausbildung der Ölzufuhr für ein Preßstofflager.

Wird Wasser zur Lagerschmierung und Kühlung angewandt, so muß es von Fremdkörpern gut gereinigt sein. Es wird den Schalen in großer Menge auf der Ein- und Auslaufseite zugeführt. Zur Erhöhung der Ansaugwirkung durch den Zapfen können die inneren Längs-

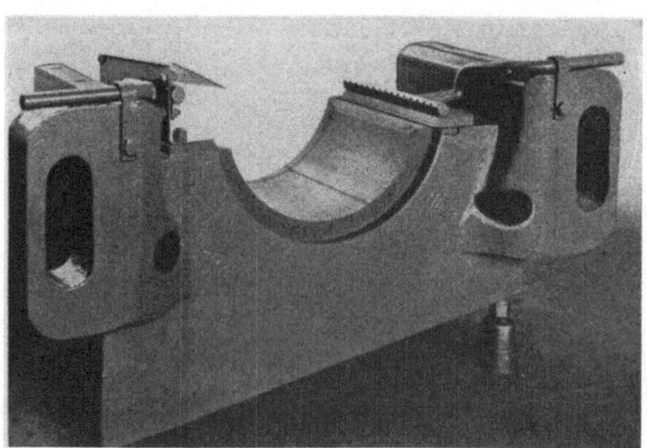

Abb. 31. Preßstoff-Segmentlager mit Wasserschmierung.

kanten der Schalen abgeschrägt werden. Auf den Längskanten sind durchlöcherte Rohre angeordnet, die als Brausen wirken und den Zapfen sowohl in als auch gegen Drehrichtung berieseln.

In Abb. 31 sind links und rechts die Brausen zu sehen. Das Blech über der linken Brause dient zur Aufnahme eines Fettbriketts.

γ) Der Einlauf des Lagers. Große Beachtung ist bei der Inbetriebnahme dem richtigen Einlauf eines Lagers zu schenken, denn hiervon hängt die Betriebssicherheit ab. Die Belastung darf wegen der starken Stoßempfindlichkeit der Preßstoffe nur langsam gesteigert werden. Auch können sich durch plötzliches Entstehen großer Wärmemengen Verklemmungen der Welle im Lager bemerkbar machen. Nachdem bei kleiner Drehzahl die Vollast erreicht ist, wird die erstere erhöht. Reichliche Schmiermittelzufuhr ist dabei notwendig. Mehrfache Wiederholung der Be- und Entlastung bei verschiedenen Geschwindigkeiten führt zur Anpassung des Lagers an die Welle. Sie ist dann erzielt, wenn sich ein glänzender Laufspiegel gebildet hat. Reibungswerte und Lagertemperatur, die zu Beginn hoch waren, sinken bis zur Beendigung des Einlaufs beträchtlich. Die Einlaufdauer kann dadurch herabgesetzt werden, daß die Laufflächen gut bearbeitet werden (siehe Abb. 25).

d) **Die Belastbarkeit.** Die Belastbarkeit hängt außer von der Art des Werkstoffs von der Schmierung ab. Wenn schon die Art des Schmiermittels einen Einfluß auf die Tragfähigkeit des Lagers ausübt, so ist es vor allem die Menge des Schmiermittels und damit die Kühlung, die eine Erhöhung der Belastung ermöglicht[1]. Nach Untersuchungen von THUM steigt jedoch die Belastbarkeit mit der Schmiermittelmenge nicht unbegrenzt, sondern strebt einem Grenzwert zu[2]. Den Zusammenhang zwischen Umfangsgeschwindigkeit und zulässiger Flächenpressung gibt Zahlentafel 7 wieder[3]. Sie gilt für Fettschmierung. Für Wasserschmierung als geeignet angegebene Werte sind in Zahlentafel 8 zusammengestellt[4].

<table>
<tr><td colspan="3" align="center">Zahlentafel 7.
Zulässige Flächenpressung in Abhängigkeit von der Umfangsgeschwindigkeit bei Fettschmierung.</td><td colspan="2" align="center">Zahlentafel 8.
Zulässige Flächenpressung in Abhängigkeit von der Umfangsgeschwindigkeit bei Wasserschmierung.</td></tr>
</table>

Flächenpressung kg/cm²		Umfangs-geschwindigkeit m/s	Flächen-pressung kg/cm²	Umfangs-geschwindigkeit m/s
Wärmeableitung				
gut	weniger gut			
30	20	0,1	<35	0,5 bis 20
28	17	0,2	35 bis 100	0,75 ,, 15
25	14	0,3	100 ,, 280	1,25 ,, 12,5
22	12	0,4	>280	Fett- oder Ölzu-
18	9	0,6		satz erforderlich.
13	7	0,8		
10	5	1,0		
6	4	1,5		
5	3	2,0		

[1] BARNER, G.: Z. Kunststoffe Bd. 27 (1937) S. 312.

[2] THUM, A., u. R. STROHAUER in R. KÜHNEL: Werkstoffe für Gleitlager. Berlin: Springer 1939.

[3] VDI-Richtlinien, Gestaltung und Verwendung von Gleitlagern aus Kunstharzpreßstoff. Berlin: VDI-Verlag 1939.

[4] EYSSEN, O. R., H. ROCHESTER u. E. W. SMYTH in: General discussion on lubrication and lubricants. London: Inst. Mech. Engineers 1937. S. 78, 231 u. 249.

Bei Versuchen wurden schon größere Flächenpressungen erzielt. So ertrugen Lager aus gewickelten und formgepreßten Hartgeweberohren bei 4 m/s Umfangsgeschwindigkeit Flächenpressungen bis zu 460 kg/cm² anstandslos[1]. Nach anderen Angaben konnte ein Lagerdruck von sogar 580 kg/cm² bei 4,5 m/s erreicht werden[2]. Diese Versuche wurden jedoch alle mit besonderer Sorgfalt unter Verwendung oberflächengehärteter und geläppter Wellen durchgeführt. Praktisch dürfte die obere Grenze der Belastbarkeit höchstens 300 kg/cm² betragen. Im Dauerbetrieb sollte man aber, wenn Wert auf unbedingte Betriebssicherheit gelegt wird, nicht über 100 kg/cm² gehen. Die Belastbarkeit

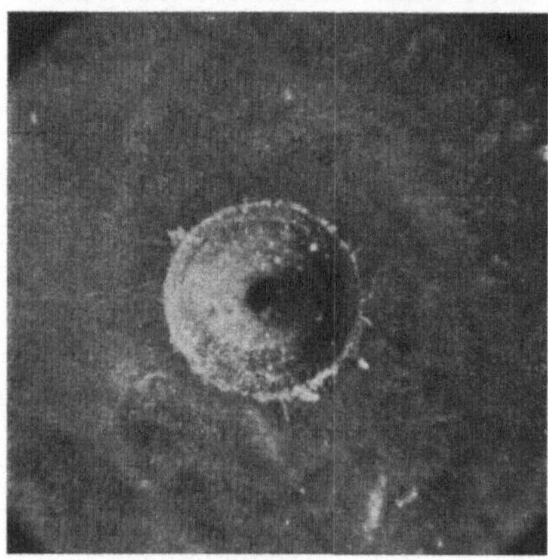

Abb. 32. Verschleißkrater in Preßstoff.
Vergrößerung 12fach.

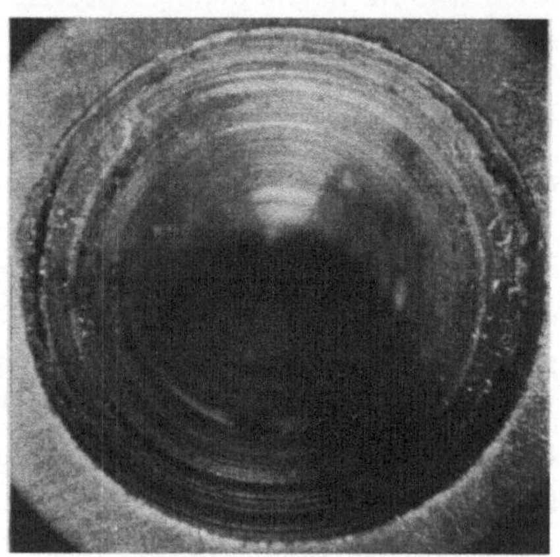

Abb. 33. Verschleißkrater in Bronze.
Vergrößerung 12fach.

kann rein konstruktiv durch seitliche Armierung des Lagers erhöht werden. Durch einen Stahlbund läßt sich das Wegdrücken des Preßstoffs unter Last vermeiden.

ε) **Der Verschleiß.** Die Erfahrung hat gezeigt, daß Preßstofflager, wenn sie gut eingelaufen sind, eine wesentlich größere Verschleißfestigkeit aufweisen als Metallager. Besonders bei der Anwendung im Walzwerksbetrieb wurde bei Verwendung von Wasserschmierung diese Erscheinung beobachtet. Lagerschalen aus Preßstoff vom Typ T2 erwiesen sich als verschleißfester als solche aus Hartgewebe, was auch im Kurzversuch bestätigt werden konnte[3]. Die Abb. 32 und 33 zeigen Verschleißkrater in Preßstoff und Bronze, die durch Einreiben einer Kegelspitze unter genau gleichen Versuchsbedingungen bei Wasser-

---

[1] Vorgetragen von LEHR auf einer Sitzung der Arbeitsgruppe „Lager und Zahnräder" des Fachausschusses für Kunst- und Preßstoffe des VDI am 25. IV. 1938 in Berlin.

[2] STODT, W.: Z. Stahl u. Eisen Bd. 55 (1935) S. 183.

[3] WEIGEL, W.: Kunststofftechnik und Kunststoffanwendung Bd. 10 (1940) S. 296.

schmierung hervorgerufen wurden. Sie geben anschaulich die Überlegenheit des Preßstoffs wieder.

Bei geschichteten Preßstoffen ist die Lage der Schichten zur Welle von Einfluß auf den Verschleiß. Liegen Schicht und Welle parallel. so kann es vorkommen, daß sich die Welle in die Schichtung hineinfrißt. Bei Lagerung senkrecht zueinander besteht die Möglichkeit, daß die Welle angegriffen wird und Riefen bekommt. Auch können sich unter Umständen bei hohem Druck die Schichten aufspalten.

d) Einteilung der für Lager geeigneten Preßstoffe. Ausführungsformen der Lager.

Als Lagerwerkstoffe haben sich regellos verpreßte Massen des Typs T2, weitgehend geschichtete Preßmassen des Typs T3 und geschichtete Proßstoffe in Form von Platten und Rohren als besonders geeignet erwiesen. Über die Art der Stoffe und ihre Anwendung gibt die nachstehende Zahlentafel 9 Auskunft[1].

Zahlentafel 9. Übersicht über die Lagerpreßstoffe.

	Ausführungsart des Lagers	Kunstharzpreßstoff nach DIN 7701	Bezeichnung für Lagerpreßstoff u. Ausführungsart des Lagers	Anwendungsbeispiele
A	In Formen einbaufertig gepreßt oder leicht nachgearbeitet	Typ T 2	T 2 — A DIN 7703	Für größere Stückzahlen bei normaler Beanspruchung
		Typ T 3	T 3 — A DIN 7703	Für größere Stückzahlen bei starker Beanspruchung
B	Durch spanabhebende Bearbeitung hergestellt aus Rohren. Die Hartgeweberohre müssen nach dem Wickeln in Preßformen nachverdichtet und ausgehärtet sein	Hartgewebe Klasse G	G — B DIN 7703	Für kleine und große Stückzahlen für stark beanspruchte Lagerstellen
		Hartgewebe Klasse F	F — B DIN 7703	
		Typ T 2	T 2 — B DIN 7703	Für kleine und größere Stückzahlen für normal beanspruchte Lagerstellen
C	Durch spanabhebende Bearbeitung aus Blöcken, Vollstäben und Platten hergestellt	Hartgewebe Klasse G	G — C DIN 7703	Hauptsächlich für Einzelanfertigung und für schwer beanspruchte Lagerungen. Viel verwendet für Lagersegmente
		Hartgewebe Klasse F	F — C DIN 7703	
		Typ T 2	T 2 — C DIN 7703	Für Einzelanfertigung bei normal beanspruchten Lagerstellen

[1] VDI-Richtlinien, Gestaltung und Verwendung von Gleitlagern aus Kunstharzpreßstoff. Berlin: VDI-Verlag 1939.

Formgepreßte Lager (Ausführungsart A) sind, vom Standpunkt sparsamer Rohstoffverwendung aus gesehen, zu bevorzugen; denn die bei der spanabhebenden Bearbeitung von Platten anfallenden Späne sind wertlos. Bei Rohren liegen die Verhältnisse günstiger, sofern sie passende Abmessungen haben. Für formgepreßte Lager werden vorwiegend die Typen T2 und T3 benutzt. Sie können nachgearbeitet werden, da die Preßhaut keine günstigen Laufeigenschaften aufweist.

Auch für die Herstellung von Rohren (Ausführungsart B) für Lagerzwecke können sowohl Schnitzelmassen als auch gewickelte Bahnen verwandt werden. Geschichtete Rohre sind nach dem Wickeln nachzupressen.

Abb. 34. Lager für ein Grobblech-Duo-Reversiergerüst.

Das Ausarbeiten von Lagern aus Platten, Blöcken oder Stäben soll tunlichst vermieden werden. Es ist nur dann anzuwenden, wenn es sich um kleine Stückzahlen handelt und eine geeignete Preßform nicht vorhanden ist. Die Zerspanungsarbeit kann durch Zusammensetzen des Lagers aus Segmenten eingeschränkt werden.

e) Erfahrungsbeispiele.

Wenn wir uns nunmehr der Darstellung von Beispielen für die Anwendung von Preßstofflagern im allgemeinen Maschinenbau zuwenden, so wollen wir keinen Anspruch auf Vollständigkeit erheben. Sie sollen nur zeigen, unter welchen Betriebsbedingungen die Verwendung von Preßstoffen im Augenblick angebracht erscheint. Für höchstbeanspruchte Lager hat sich der Preßstoff noch nicht als geeignet erwiesen. Das soll aber nicht bedeuten, daß ihm dieses Anwendungsgebiet für immer verschlossen bliebe. Die Entwicklung ist noch in vollem Gange, und wenn man bedenkt, daß die Preßstofflager in kürzester Zeit mit ungeahntem Erfolg sich ein großes Anwendungsgebiet erobert haben, so besteht die berechtigte Hoffnung, daß sich diesen Werkstoffen noch weitere Anwendungsmöglichkeiten als Lagerwerkstoff erschließen werden.

α) **Walzwerke.** Eines der wichtigsten Verwendungsgebiete von Preßstofflagern ist die Benutzung im Walzwerksbetrieb. In Abb. 34 ist ein Lager mit einem Zapfendurchmesser von 600 mm für ein Duo-Reversiergerüst mit 950 mm Walzendurchmesser dargestellt.

Besonders im Austausch mit Metall- und Pockholzlagern wurden gute Erfahrungen gemacht. Außer Lagerschalen werden Segmente, meistens 3 bis 5, je nach Zapfendurchmesser, eingebaut. Beim Einbau ist zu beachten, daß die Hauptbeanspruchung nicht in Richtung eines Segmentstoßes fällt. Wird der Bund getrennt ausgeführt, so können Bund oder Segmente, die starkem Verschleiß unterliegen, ohne Erneuerung des gesamten Lagers ausgewechselt werden.

Als Schmiermittel dient Wasser, das in reichlicher Menge dem Zapfen auf

Abb. 35. Walzenständer mit Preßstofflagern.

beiden Seiten zugeführt wird. Abb. 35 zeigt einen mit Preßstofflagern ausgerüsteten Walzenständer für ein 850er Schienen- und Profilwalzwerk. Links und rechts von den Zapfen sind die Schläuche zu sehen, die das Kühlwasser zuführen. Wenn alle Regeln wie fester Einbau, gute Schmierung, die Saugwirkung fördernde Konstruktion usw. beachtet werden, so ist keine besondere Wartung notwendig.

Besondere Vorteile des Preßstofflagers sind die bessere Maßhaltigkeit des Walzguts sowie die Wirtschaftlichkeit des Betriebes. Unter Verwendung von Bronze oder Pockholz betrug beispielsweise bei einer

Walzaderlänge von 60 bis 100 m der Höhenunterschied des Walzgutes zwischen vorderem und hinterem Ende 0,2 mm. Er konnte durch Austausch gegen Preßstofflager auf 0,1 mm gesenkt werden[1].

Die Wirtschaftlichkeit kann durch folgende Angaben gekennzeichnet werden[2] [3]. Der Verbrauch an Antriebsenergie ist um etwa 18% niedriger. Der Preis des aufgewendeten Schmiermittels ist im Vergleich zu fettgeschmierten Bronze- oder Pockholzlagern völlig zu vernachlässigen. Die Lebensdauer der Preßstofflager ist infolge des geringen Verschleißes bedeutend höher. Sie ist etwa 15mal so hoch wie die eines Bronze- und etwa 6mal so groß wie die eines Pockholzlagers. Dabei sind die Anschaffungskosten nur etwa doppelt bzw. 3mal so hoch. In Abb. 36

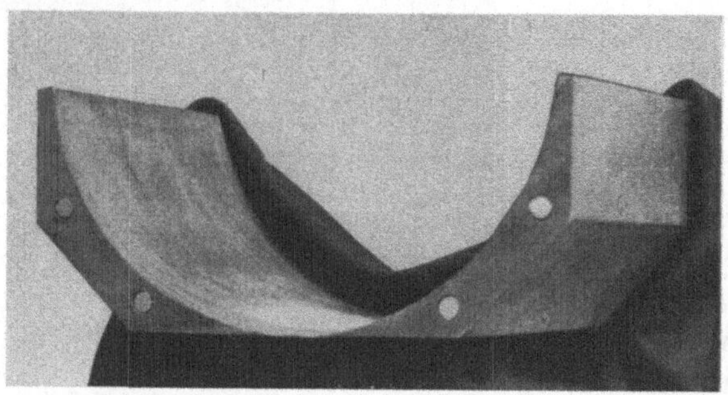

Abb. 36. Abgenutztes Preßstofflager. Leistung 26000 t Walzgut.

ist ein Preßstofflager dargestellt, das in eine 550er Vorstraße eingebaut war. Es war erst nach 26000 t Walzgut verbraucht, während ein Bronzelager bereits nach 5000 t ausgewechselt werden mußte.

Mit der größeren Lebensdauer ist eine beträchtliche Ersparnis dadurch verbunden, daß das recht kostspielige Auswechseln des Lagers seltener vorgenommen zu werden braucht. Damit geht aber gleichzeitig eine Steigerung der Erzeugung einher, da der Betrieb durch Ein- und Ausbau nicht so häufig unterbrochen wird.

β) **Transportanlagen.** Nicht nur in Walzwerken, sondern auch in vielen anderen Anlagen wurden mit Preßstofflagern günstige Ergebnisse erzielt. So wurden beispielsweise beim Bochumer Verein bei zahlreichen Kränen Lager aus Preßstoff eingebaut[4]. Gerade hier sind die Anwendungsmöglichkeiten sehr zahlreich. Preßstoffbüchsen dienten zur Lagerung der Lang- und Katzfahrwerkswellen, der Schnecke der Katzfahrt, des Endausschalters, der Seilrollen, der Antriebslaufräder, der Ausgleichs- und Flaschenrollen, des Lagerbocks der Schneckenradwelle,

---

[1] SCHIFFERS, A.: Z. Stahl u. Eisen Bd. 57 (1937) S. 500.
[2] ACHILLES, O.: Kunst- und Preßstoffe Bd. 1 S. 23. Berlin: VDI-Verlag 1937.
[3] KOEGEL, A.: Z. Kunststoffe Bd. 30 (1940) S. 298.
[4] LEHR, E.: Z. Kunststoffe Bd. 27 (1937) S. 313.

der Lagerbockradsätze der Katzfahrt in Hammerwerkskränen, des Hub-
sperrades. Sie wurden außerdem eingebaut in das Schneckenkasten-
oberlager, in Lagerstellen an Zwischenrädern zum Antrieb der Lang-
fahrt, in das Radkastenoberlager, das Ringschmierlager des Räder-
und Schneckenkastens, in das Kurbelwellenlager am Hammer der
Masselkräne und in Lagerstellen am Hubvorgelege. Die Ringschmierlager wurden mit Öl geschmiert, alle anderen mit Fett.

Ebenso wie im Kranbau haben sich auch im Baggerbau Preßstofflager gut bewährt[1]. Bei einem schwenkbaren Schaufelradbagger mit
einer Förderleistung von 840 m³/h, der auf einem lenkbaren Bagger-
fahrwerk läuft, wurden die Tragrollen des Kettentrums, die Pendel-
zapfen der Ausgleichsschwingungen für die Raupen, die Laufrollen für
die Drehscheibe und das Kipplager des Schaufelradauslegers mit Büchsen
aus Preßstoff Typ T2 versehen. In das Hauptführungslager der Drehscheibe wurde eine solche aus Typ T3 eingebaut. Bei den Pendel-
zapfenlagern konnte ein Lagerdruck von 200 kg/cm² zugelassen werden,
da die Umfangsgeschwindigkeit praktisch gleich Null war. Die Schmierung erfolgte mit Fett. Ebenso hat man auch bei Stützkugeln für
große Abraumgeräte die Auskleidung aus Bronze durch Preßstoffringe
ersetzt. Es waren von den Kugeln Drücke bis zu 800 t zu übertragen.
Dabei mußte eine allseitige leichte Beweglichkeit vorhanden sein. Alle
diese Preßstofflager haben in $1^{1}/_{2}$jähriger Betriebszeit störungslos gearbeitet.

In Kohlenförderanlagen haben sich Preßstofflagerungen der Laufrollen von Plattenbändern dem seither verwandten Hänmetall gegenüber insofern als überlegen gezeigt, als sie sich bedeutend weniger ab-
nutzten. Preßstoffe des Typs Z2 wiesen einen geringeren Verschleiß
auf als solche des Typs T2.

Über die Umstellung auf Preßstofflager im Bergbau berichten
W. KEIENBURG und E. ROHDE[2]. Es wurden Lager aus Preßstoff vom
Typ T2 bei der Schwingwelle, der Kurbelwelle und bei den Vorgelegen
eines Rutschenantriebs eingebaut. Die Betriebstemperatur betrug 60°.
Die Lebensdauer war 2- bis 3mal so groß wie die von Rotgußlagern.
Ebenso bewährten sich Lager aus den neuen Werkstoffen an verschie-
denen Stellen eines Förderhaspels gut.

γ) Landmaschinen. Die Schwierigkeiten, Preßstofflager bei Landmaschinen zu erproben, lagen zunächst in deren kurzem, saisonmäßigem
Einsatz. Nach einigen Fehlschlägen an Grasmähern, in denen sich
Rotgußbüchsen wegen der auftretenden außerordentlich starken Stöße
den Preßstoffbüchsen als überlegen erwiesen, gelang die erfolgreiche

---

[1] EHLERS, G.: VDI Z. Bd. 83 (1939) S. 684.
[2] KEIENBURG, W., u. E. ROHDE: Berg- u. hüttenm. Z. „Glückauf" Jg. 1939
S. 771.

Umstellung auf Preßstoffe in Packer- und Scharnierlagern von Schlepper-
bindern sowie in Vorderachs- und Kupplungsbüchsen von Schleppern[1].
Bei letzteren war vor allem das bessere Verschleißverhalten des Preßstoffs von Vorteil. Dies zeigten auch einige Vorversuche, bei denen
die Lager in dicht abgeschlossene Kammern gebracht wurden, in welche
mit Straßenschmutz vermischter quarzhaltiger Staub eingeblasen wurde.
Die Staubteilchen drückten sich, im Gegensatz zu den Metallagern,
leicht in den Preßstoff ein und griffen die gehärteten Wellen nicht an.
Gleich gute Ergebnisse wurden bei der Umstellung von Rotguß- auf

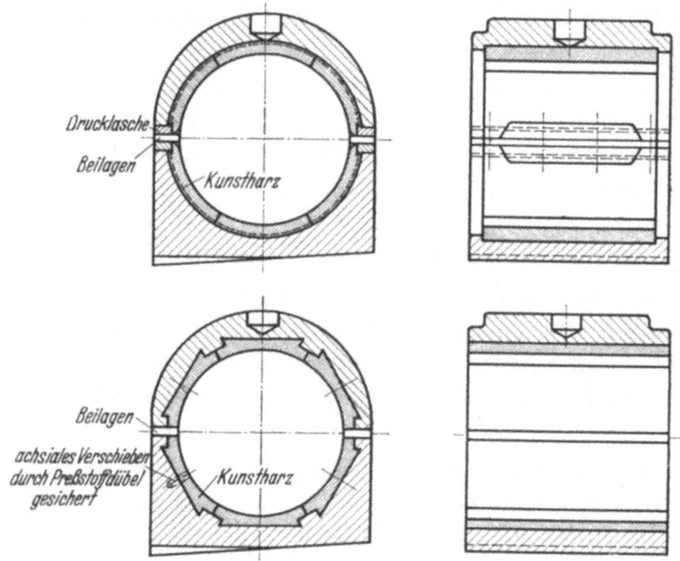

Abb. 37. Bärlager für Brikettpressen aus Preßstoff.

Preßstofflager in Betonmischmaschinen erzielt[2]. Die beim Arbeiten
entstehende Staubbildung ist recht beträchtlich und vergrößert die
Verschleißwirkung. Preßstoffbüchsen verhielten sich dabei völlig einwandfrei. Abb. 37 zeigt die Konstruktion eines Bärlagers für Brikettpressen, das ebenfalls einem rauhen, schmutzigen Betrieb ausgesetzt wird.

δ) **Fahrzeuge.** Versuche mit Preßstofflagern in Feldbahnwagen
zeitigten große Erfolge. Die sog. Verbundschale, die aus einer eisernen
Grundschale mit dünner Preßstofflauffläche besteht, hat sich besonders
bewährt. Der Zweck dieser Anordnung besteht darin, die Wärmeab-
führung in den Stützkörper zu verbessern. Die Befestigung der Preßstoffschale erfolgte durch Preßstoffdübel[3]. Verschiedene Ausführungs-
formen solcher Lager gibt Abb. 38 wieder.

[1] MEBOLDT, W.: Z. Kunststoffe Bd. 29 (1939) S. 221.
[2] EHLERS, G.: Straße Jg. 1939 H. 16 bis 18.
[3] Bauind. 5. Jg. 1937 H. 7.

Auch bei der Reichsbahn wurden Preßstoffe als Werkstoffe für Lager und Verschleißteile eingesetzt[1]. Für Büchsen in Fensterhebern, Fensterkurbelapparaten, Schiebetürführungen, Schiebetürrollen und Beschlagteilen in Aborten hat neben der großen Verschleißfestigkeit das gute Verhalten der Preßstoffe gegen Feuchtigkeitseinflüsse der geringen Korrosionsbeständigkeit der Leichtmetalle gegenüber die Überlegenheit der ersteren erwiesen. Die Schwierigkeit, daß sich Wellen aus Leichtmetall in Büchsen oder Führungen aus dem gleichen Werkstoff festsetzten. konnte durch Einbau geschichteter Preßstoffbüchsen völlig beseitigt werden.

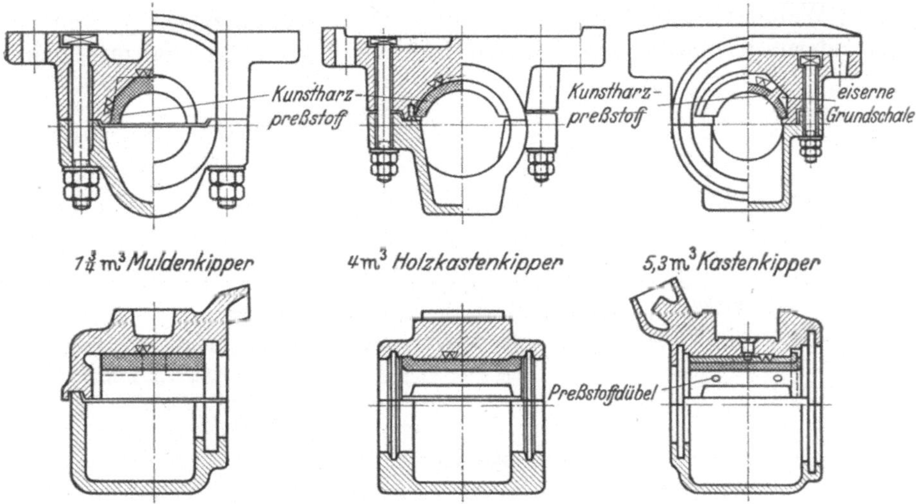

Abb. 38. Feldbahnlager aus Kunstharzpreßstoff.

An Verschleißteilen sind zunächst Führungsschienen an Fensterrahmen zu erwähnen. Schon aus Gründen der beim Fahrzeugbau angestrebten Leichtbauweise ergab sich der Einsatz der Preßstoffe mit ihrer niedrigen Wichte als zwangsläufige Folge. Holz konnte wegen seiner starken Quellung bei Feuchtigkeitsaufnahme und wegen der geringen Wanddicken nicht in Betracht kommen. Stranggepreßte Leisten aus Preßstoff Typ S erwiesen sich als am besten geeignet.

Da die bei Güterwagen in großem Umfang verwandten Federlaschen aus Stahl sehr starke Verschleißerscheinungen zeigten, wurden Versuche mit eingesetzten, gewickelten Hartgewebebüchsen gemacht. Sie verbinden mit einem günstigen Verschleißverhalten noch den großen Vorteil, daß sie bei Abnutzung leicht ausgewechselt werden können, ohne daß dabei die Federlaschen in Mitleidenschaft gezogen werden. Sie werden von den Preßstoffbüchsen überhaupt nicht angegriffen, so daß sie unbegrenzt halten.

---

[1] HÖFINGHOFF, W.: Z. Kunststoffe Bd. 31 (1941) S. 1.

Auch für die beim Fahren stark beanspruchten Verschleißteile zwischen dem Achslagergehäuse und den Achshaltern wurde Preßstoff Typ T2 verwendet (vgl. Abb. 23). Sie wurden zunächst in Formen in der gewünschten Gestalt gepreßt und dann nach dem Anschrauben an die Achslager noch nachträglich spanabhebend bearbeitet. Die Erfolge waren erstaunlich. Mit Achslagergleitplatten für Lokomotivtender wurden Laufleistungen bis 200000 km erzielt, ohne daß die Grenzmaße unterschritten wurden. Abb. 39 zeigt die Konstruktion einer Preßstoffgleitführung.

Die wirtschaftlichen Vorteile liegen, ähnlich wie bei den Lagern für Walzwerke, auch hier nicht nur in einer großen Werkstofferspanis, sondern auch in einer wesentlichen Herabsetzung der Unterhaltungskosten.

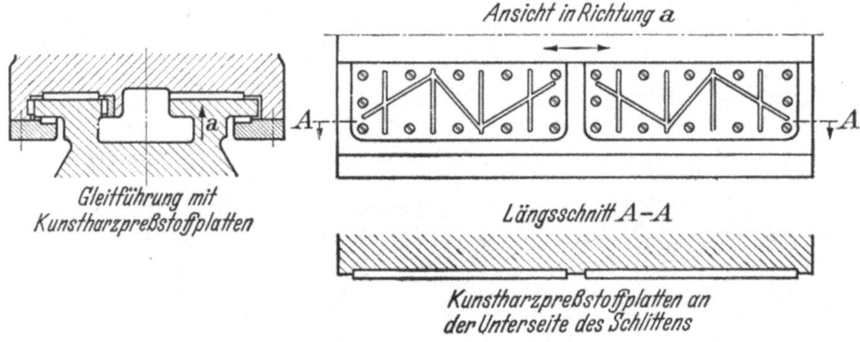

Abb. 39. Gleitführung aus Preßstoff.

ε) **Sonstige Anwendungen.** Nachdem wir nun die wichtigsten Anwendungsgebiete für Preßstofflager besprochen haben, wollen wir aus der großen Zahl der weiteren Verwendungsarten noch wenige Beispiele herausgreifen. Im Werkzeugmaschinenbau haben sich Preßstoffbüchsen an der Leerlaufscheibe einer Langhobelmaschine solchen aus Gußbronze überlegen gezeigt. Sie waren nach 14monatigem Betrieb noch in einwandfreiem Zustand, während die Bronzebüchsen bereits nach 3 Monaten unter den gleichen Bedingungen einen starken Verschleiß zeigten. Das gleiche Ergebnis lieferte der Einbau an der Drehspindel eines Vierspindelautomaten[1]. Bronzebüchsen waren nach 6 bis 8 Monaten völlig zerstört; Preßstoffbüchsen blieben dagegen nach 7jähriger Laufzeit unbeschädigt.

Als weitere Möglichkeiten für den erfolgreichen Einbau von Preßstofflagern seien genannt an Drehbänken die Vorschubhebel, die Vorlegewelle, die Stufenscheiben, die Haupt- und Arbeitsspindel, die Vorgelege, die Kupplung und die Räderkästen; an Fräsbänken Schneckenkasten, Frässpindel und Schaftritzel.

---

[1] FRANK, H., Werkstatttechnik Bd. 31 (1937) S. 208.

Warm auf die Welle aufgezogene Büchsen wurden angewandt bei Arbeitsspindeln von Hobelmaschinen. Sie haben sich ebenfalls bewährt im Betrieb von Drehstrommotoren mit Drehzahlen von 750, 1000 und 1500/min und Leistungen von 5, 10 und 15 PS[1].

Zum Schluß noch ein kurzes Wort über die Weiterentwicklung der Preßstoffe als Lagerwerkstoffe. Die Entwicklung ist ja durchaus noch nicht zum Stillstand gekommen, sondern befindet sich in vollem Flusse. Anzustreben ist neben größerer mechanischer Festigkeit bessere Beständigkeit bei erhöhter Temperatur und größere thermische Leitfähigkeit. Daneben muß außer besserer Formbeständigkeit vor allem eine niedrigere Wasseraufnahme erreicht werden, um die durch das Eindringen von Schmiermitteln entstehende unerwünschte Quellung auf ein geringeres Maß herabzudrücken. So wird es gelingen, den Preßstoffen den Platz unter den Lagerwerkstoffen zu erobern, der ihnen zukommt.

2. Zahnräder.

a) Allgemeines.

Wir wollen uns nunmehr einem Gebiet zuwenden, das neben dem der Gleitlager wohl eine der wichtigsten Anwendungen für Preßstoffe im Maschinenbau darstellt, den Zahnrädern.

α) **Einteilung der Zahnräder.** Die Arten der Zahnräder richten sich nach der Lage der Wellen, zwischen denen die Drehbewegung übertragen werden soll. Stirnräder werden verwandt, wenn die Wellen parallel liegen, Kegelräder, wenn sich die Wellen schneiden. Eine besondere Art von Zahnrädern sind die Schneckenräder, die durch Schnecken angetrieben werden. Ihre Wellen kreuzen sich.

Die Übertragung eines Drehmoments kommt bei Zahnrädern dadurch zustande, daß ein Zahn des einen Rades in eine Lücke des anderen eingreift. Zahn für Zahn des einen drückt Zahn für Zahn des anderen weiter. Von zwei sich kämmenden Rädern muß das mit der kleineren Zähnezahl schneller umlaufen als das andere, und zwar im umgekehrten Verhältnis der Zähnezahlen. Sind n_1 und n_2 die Drehzahlen, z_1 und z_2 die Zähnezahlen, so ist

$$n_1 : n_2 = z_2 : z_1.$$

Dieses Verhältnis heißt Übersetzungsverhältnis.

Wir denken uns nun die Zähne immer kleiner werdend, bis schließlich zwei Räder entstehen, die aufeinander abrollen. Ihre Durchmesser D_1 und D_2 werden Teilkreisdurchmesser genannt. Die Teilkreise haben also gleiche Umfangsgeschwindigkeit. Den auf dem Teilkreis gemessenen Mittenabstand zweier benachbarter Zähne bezeichnet man als Teilung t.

---

[1] Kuntze, A.: Z. VDI Bd. 81 (1937) S. 338.

Der Teilkreisumfang ergibt sich einmal aus dem Teilkreisdurchmesser, zum anderen aus Teilung und Zähnezahl, so daß die Beziehung besteht:

$$D \cdot \pi = z \cdot t \quad \text{oder} \quad t = \pi \cdot D/z.$$

Der Wert D/z heißt Modul m des Zahnrads. Er wird gewöhnlich als runde Zahl gewählt. In DIN 780 sind die Moduln festgelegt.

$\beta)$ **Die Berechnung der Zähne.** Wir nehmen den ungünstigsten Fall an, daß die Kraft P an der Zahnspitze angreifen soll. Ist h die Zahnhöhe, so erhalten wir ein Biegemoment von der Größe $P \cdot h$ cmkg. Das Widerstandsmoment des rechteckigen Zahnfußquerschnitts beträgt bei der Zahnbreite b und der Zahndicke a:

$$w = \frac{b \cdot a^2}{6} \; \text{cm}^3 .$$

Gewöhnlich wählt man $h = 0,7 \cdot t$ und $a = 0,5 \cdot t$. Dann folgt für die im gefährlichen Querschnitt herrschende Biegespannung:

$$\sigma_b = \frac{P}{0,06 \cdot b \cdot t} .$$

Wir setzen nun $0,06 \cdot \sigma_b = c$ und erhalten schließlich die bekannte BACHsche Formel:

(1)
$$\boxed{P = c \cdot b \cdot t} .$$

c wird spezifische Biegungsbeanspruchung genannt. Aus dieser Gleichung sowie aus der Beziehung für die Leistung

$$N = P \cdot v/75 \; \text{PS},$$

in der v die Umfangsgeschwindigkeit in m/s bedeutet, folgt für die übertragbare Leistung je cm Zahnbreite, wenn wir noch die Teilung t durch den Modul m ausdrücken:

(2)
$$\boxed{\frac{N}{b} = \frac{c \cdot m \cdot v}{2387} \; \text{PS/cm}} .$$

Hierin ist N die übertragbare Leistung in PS, b die Zahnbreite in cm, c die spezifische Biegungsbeanspruchung in kg/cm², m der Modul in cm und v die Umfangsgeschwindigkeit in m/s. Der Zusammenhang zwischen Durchmesser, Drehzahl und Umfangsgeschwindigkeit wird durch die bekannte Formel

(3)
$$\boxed{v = \frac{d \cdot \pi \cdot n}{60} \; \text{m/s}}$$

ausgedrückt.

Nach diesen allgemeingültigen Betrachtungen über Zahnräder wollen wir uns nunmehr den Preßstoffzahnrädern zuwenden.

b) Zahnräder aus Preßstoff.

$\alpha)$ **Werkstoffwahl und Eigenschaften.** Wegen ihrer hohen Biegefestigkeit kommen vor allem geschichtete Preßstoffe in Betracht, und zwar insbesondere Hartgewebe, daneben auch Schichtholz. Schließlich ist es auch möglich, aus Preßstoff Typ T3 Rohlinge zu pressen, aus denen die Zahnräder in der gleichen Weise durch Fräsen ausgearbeitet werden wie aus Platten. Solche Rohlinge erhalten von vornherein eine geeignete Profilierung. Ihre Herstellung lohnt sich jedoch erst bei großen Stückzahlen. Die Gründe für den Einbau von Preßstoffzahnrädern an Stelle solcher aus Metall oder Rohhaut liegen nicht nur auf devisenwirtschaftlichem Gebiet; das beweist ihre bereits vor rund 20 Jahren erfolgte erste Anwendung. Ebenso wie die Gleitlager weisen auch Zahnräder aus den neuen Werkstoffen Eigenschaften auf, die denen der Metall- oder Rohhauträder überlegen sind. Für alle Maschinengattungen ist die Erzielung eines möglichst ruhigen, geräuschlosen Ganges von großer Wichtigkeit. Starke Geräusche sind stets gleichbedeutend mit überflüssigem Leistungsverbrauch. Die Ursache solcher Geräusche sind Schwingungen der Maschinenteile. Sie führen zu schnellem Verschleiß, zuweilen sogar zum Bruch. Auch die Genauigkeit der Arbeit kann dadurch beeinflußt werden. Vermeidung des Maschinengeräusches bedeutet daher Vergrößerung der Wirtschaftlichkeit des Betriebs. Es ist schwer, Zahnräder zu völlig geräuschlosem Gang zu bringen. Man hat sich dadurch zu helfen gewußt, daß man Metallräder durch solche aus nichtmetallischen Werkstoffen wie Vulkanfiber und Rohhaut ersetzte. Diese Stoffe genügen aber in vieler Hinsicht nicht den an sie zu stellenden Bedingungen. Vulkanfiber ist wenig widerstandsfähig, spröde und läßt sich schlecht bearbeiten. Rohhaut ist gegen Feuchtigkeit und Temperaturerhöhung empfindlich. Auch bedürfen Rohhauträder seitlicher Abstützscheiben. Ganz anders verhalten sich Zahnräder aus Preßstoffen. Sie laufen völlig geräuschlos. Dabei haben Öl und Wasser keinen Einfluß auf sie, und gegen betriebsmäßige Wärme sind sie unempfindlich. Die Herstellung jeder beliebigen Verzahnung ist bei ihnen ebenso leicht möglich wie bei den Metallrädern. Meist wird die Evolventenverzahnung vorgezogen.

Neben den geschichteten Preßstoffen genügen auch die Typen T2, Z2 und zuweilen sogar S als Werkstoff für Zahnräder, jedoch nur bei der Übertragung kleiner und kleinster Leistungen. Große Biegebeanspruchungen können solchen Rädern nicht zugemutet werden, da der Zahnfußquerschnitt oft in der Größenordnung der verwendeten Schnitzel liegt. Die Festigkeit hängt dann von der zufälligen Lage der Schnitzel an der höchstbeanspruchten Stelle ab. Stoßweiser Beanspruchung sind sie natürlich noch weniger gewachsen.

β) **Berechnung von Zahnrädern aus Preßstoff.** Zur Berechnung von Preßstoffzahnrädern unter Benutzung der oben abgeleiteten Formeln benötigen wir zunächst die spezifische Biegungsbeanspruchung c. Für geschichtete Preßstoffe kann als zulässiger Wert der Biegespannung σ_b

etwa $k_b = 250\ \text{kg/cm}^2$ angenommen werden. Das ergibt den Wert $c = 0{,}06 \cdot 250 = 15\ \text{kg/cm}^2$. Er gilt für mittlere Umfangsgeschwindig-keiten. Mit zunehmender Umfangsgeschwindigkeit nimmt er ab gemäß der praktisch erprobten Faustformel

$$c = \frac{250}{10 - v}, \qquad (4)$$

die in Abb. 40 graphisch dargestellt ist.

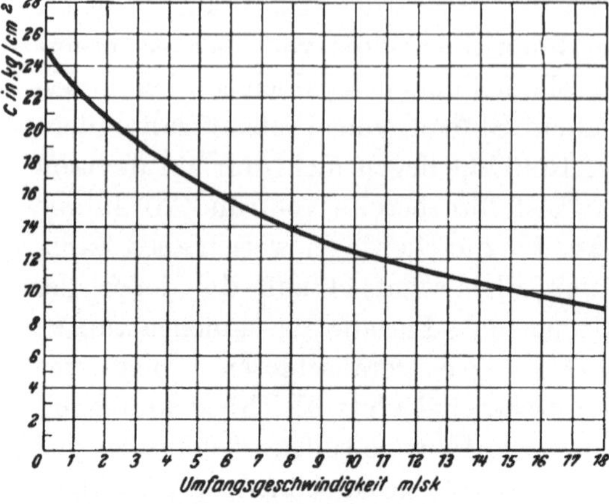

Abb. 40. Spezifische Biegungsbeanspruchung c in Abhängigkeit von der Umfangsgeschwindigkeit v .

Fluchtlinientafeln zur Bestimmung der Umfangsgeschwindigkeit nach Formel (3) und der übertragbaren Leistung je Zentimeter Zahnbreite gemäß Formel (2) unter Berücksichtigung der Beziehung (4) zeigen die Abb. 41 und 42.

Für die einzige noch übrigbleibende, willkürlich zu wählende Zahnbreite wird im Mittel etwa

$$b = 10 \cdot m \qquad (5)$$

genommen. Bei kleinen Umfangsgeschwindigkeiten genügt $b = 6 \cdot m$, während man bei großem v etwa $b = 12 \cdot m$ bis $14 \cdot m$ wählt. Der Gang der Rechnung sei an einem Beispiel erläutert.

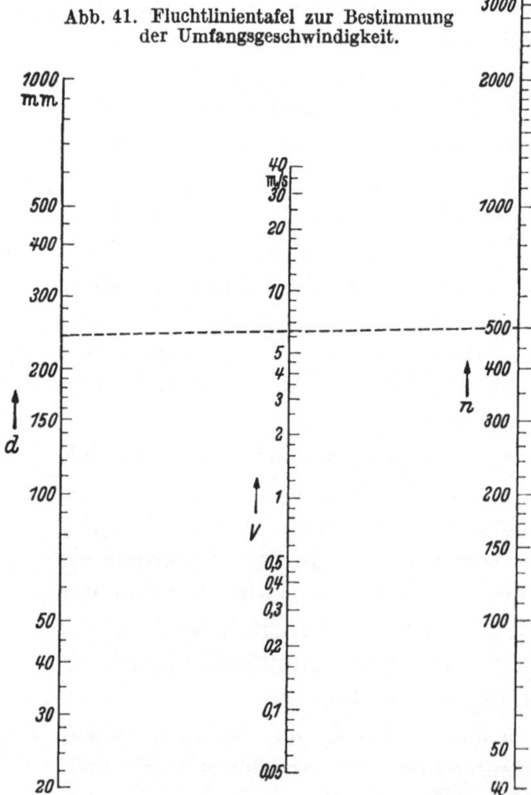

Abb. 41. Fluchtlinientafel zur Bestimmung der Umfangsgeschwindigkeit.

Beispiel. Ein Hartgewebezahnrad mit $z = 48$ Zähnen habe einen Teilkreisdurchmesser von $D = 240$ mm. Die Drehzahl betrage $n = 500/\text{min}$. Dann ergibt sich der Modul zu $m = D/z = 5$ mm. Die Umfangsgeschwindigkeit $v = 6{,}3\ \text{m/s}$ läßt sich mit Hilfe der Fluchtlinientafel in Abb. 41 ermitteln. Für die je Zentimeter Zahnbreite übertragbare Leistung ist dann gemäß der Fluchtlinientafel in Abb. 42 $N/b = 2$ PS. Da v einen mittleren Wert hat, wählen wir $b = 10 \cdot m = 5$ cm. Die Gesamtleistung, die sich mit diesem Zahnrad übertragen läßt, ist somit $N = 10$ PS.

γ) **Einbau und Betriebsverhalten.** Zahnräder, die durch spanabhebende Bearbeitung aus geschichteten Preßstoffen gefertigt werden, werden als Vollscheiben ausgeführt. Eine Profilierung ist aus Festigkeitsgründen nicht zulässig, da sonst die parallel umlaufenden Gewebebahnen durchschnitten werden müßten. Bei formgepreßten Rädern dagegen ist eine Profilierung deshalb durchaus möglich, weil die Schichtung der eingelegten Gewebescheiben beim Preßvorgang weitgehend erhalten bleibt. Nabe und Zahnkranz sind so kräftig wie möglich auszubilden. Der zwischen beiden liegende Steg kann gerade oder auch gewölbt sein. Ebenso können auch Aussparungen vorgesehen werden.

Die Befestigung der Räder auf der Welle kann auf verschiedene Arten erfolgen. Bei Verwendung von Keil und Nut soll die Nutenbelastung 120 kg/cm² nicht überschreiten. Gegebenenfalls können, besonders bei wechselnder Drehrichtung, zwei Keile angewandt werden. Zur Aufnahme eines Teils des zu übertragenden Drehmoments durch Reibung zwischen Welle und

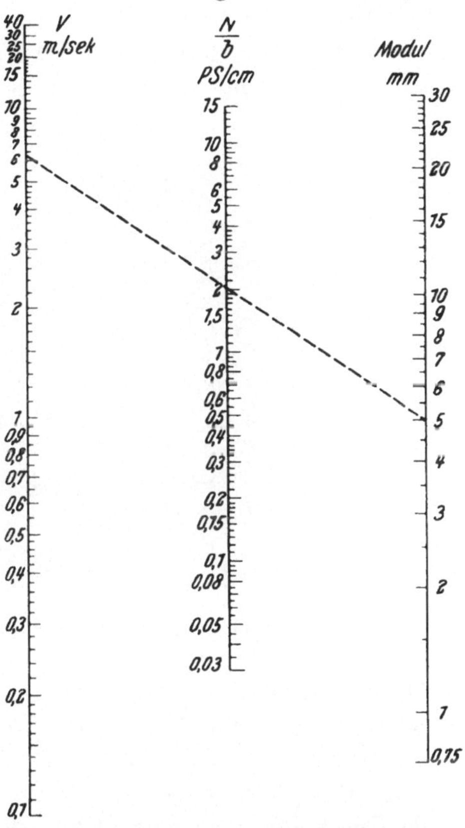

Abb. 42. Fluchtlinientafel zur Bestimmung der übertragbaren Leistung je Zentimeter Zahnbreite.

Nabe kann der Wellenzapfen kegelförmig gestaltet werden. Dadurch wird die Keilnut wesentlich entlastet. Anflanschen oder Einsetzen einer Büchse sind ebenfalls als Befestigungsart üblich. Die Büchse hat dabei den Vorteil, daß sie gleichzeitig die bei Schrägverzahnung notwendige Anlauffläche liefert.

Die Breite des Preßstoffrads soll gerade so groß sein wie die des Gegenrads, auf keinen Fall aber größer. Sehr breite Räder können aus einzelnen Scheiben zusammengesetzt werden. Die Befestigung auf der Welle geschieht bei kleinen Rädern durch Aufschieben auf eine Metallbüchse und Verbinden durch Keil und Nut. Größere Räder können durch Schrauben zusammengehalten werden.

Preßstoffräder sollen stets mit Metallrädern als Gegenrad kämmen. Bewährt haben sich Gußeisen und Stahl von großer Oberflächenhärte. Auf sorgfältige, glatte Verzahnung ist zu achten. Die Oberfläche der Hartgewebezähne kann durch Bestreichen mit einer Paste aus Graphit und Schellack-Spiritus-Lösung geglättet werden. Nach dem Trocknen ist mit Öl zu schmieren. Gute Schmierung ist wie bei jedem Zahntrieb anzuwenden.

Untersuchungen über das Verschleißverhalten von Zahnrädern aus Hartgewebe und verdichtetem Schichtholz, die 8 Tage lang in Öl ge-

Abb. 43. Formgepreßte Räder mit angefräster Schrägverzahnung.

lagert wurden, ergaben die Überlegenheit von Hartgewebe[1]. Nach 60 stündigem Lauf betrug die Abnutzung an den Zähnen des Hartgeweberades 0,05 mm, während sie bei Schichtholz etwa doppelt so groß war. Besonders im Anfang erwies sich das Schichtholz als ungünstiger, da durch die Bearbeitung mit den für Metalle üblichen Werkzeugen keine hinreichend glatte Oberfläche der Zähne erzielt werden konnte. Rohhaut zeigte bei trockenem Lauf bereits nach 10 Stunden einen Verschleiß von über 0,5 mm.

δ) Anwendungen. Die Anwendungen von Preßstoffzahnrädern sind sehr mannigfaltig. Vor allem Ritzel zum Antrieb von ein- und mehrspindeligen Revolverautomaten haben sich bewährt. Diese Ritzel sind sehr kräftig und halten auch den bei plötzlichem Stillstand des Automaten auftretenden Beanspruchungen stand. Abb. 43 gibt einige formgepreßte Räder mit Schrägverzahnung wieder. Weitere Preßstoffzahnräder sind in Abb. 44 dargestellt. Links vorn im Bilde ist ein aus einer Hartgewebeplatte ausgearbeitetes Ritzel zu sehen. Zwei formgepreßte

---

[1] WALLICHS, A., u. G. DEPIEREUX, Masch.-Bau Betrieb Bd. 15 (1936) S. 393.

Rohlinge, einer davon mit angefrästen Zähnen, befinden sich rechts
im Bilde. Auch das im Hintergrund stehende große Rad ist aus einem
formgepreßten Rohling ausgearbeitet. Als weitere Beispiele für Maschinen, deren Antrieb durch Preßstoffzahnräder erfolgreich vorgenommen wurde, sind zu nennen: Werkzeugmaschinen aller Art, Drahtumspinnmaschinen, Verseilmaschinen, Kabelbandmaschinen, Pumpen
usw.[1].

Ein Zahnrad aus Preßstoff Typ Z2, das in einer Brotschneidemaschine
den starken und dabei unregelmäßig auftretenden Kräften durchaus

Abb. 44. Verschiedene Preßstoffzahnräder.

gewachsen ist, ist in Abb. 44 in der Mitte vorn dargestellt. Kleine
Zahnräder aus Preßstoff Typ S, wie sie vor allem im Feingerätebau,
wie z. B. für Zähler, Förderpumpen, Einstellgetriebe usw., zur Anwendung kommen, zeigt das gleiche Bild vorn rechts. Solche Räder
werden gleich mit angepreßter Verzahnung hergestellt. Außer Entgraten ist eine mechanische Bearbeitung nicht mehr notwendig. Sie
dienen hauptsächlich zum Austausch gegen Messing- und Bronzeräder
und sind bei großen Stückzahlen billiger als diese.

In gleicher Weise haben sich geschichtete Preßstoffe auch als Werkstoff für Schneckenräder bewährt. Gerade hier war das gute Verschleißverhalten maßgebend. Zur Herstellung von Schnecken sind sie wegen
ihrer geringen Festigkeit senkrecht zur Schichtrichtung weniger geeignet.

c) Reibräder.

In diesem Zusammenhang sei noch auf eine andere Anordnung zur
Übertragung einer drehenden Bewegung hingewiesen, bei der ebenfalls

<hr>

[1] Kraemer, M. H., Z. Kunststoffe Bd. 31 (1941) S. 85.

Preßstoff mit Vorteil verwandt wurde. Eine Friktion besteht grundsätzlich aus zwei Teilen, die sich gegenseitig unter einem Druck aufeinander abwälzen. Die Möglichkeiten im Aufbau eines solchen Getriebes sind verschiedene. So kann es beispielsweise als „flexible Friktion" entworfen werden, bei der durch gleichmäßiges Wechseln der Berührungspunkte die Relativbewegung aufgehoben wird. Es benötigt jedoch Federeinlagen, die alle beim Lauf bewegt werden und somit zu großen Reibungsverlusten führen. Ebensowenig ideal ist die Verwendung von Lamellen. Diese müssen zu Paketchen gliedweise abgestützt werden, was Verzerrungen und Verspannungen der Zwischenglieder hervorruft. Die Regelung ist, besonders bei kleinen Drehzahlen, dadurch schwierig, daß sich die Lamellen in den zwangsläufig zur Spitze des Kegels hin keilförmig verlaufenden Nuten verklemmen können.

Eine einfache Lösung ließ sich durch geschickte Werkstoffauswahl erzielen. In Abb. 45 ist eine Anordnung dargestellt[1]. Durch den geringen Elastizitätsmodul des Preßstoffs wird auch bei verhältnismäßig kleinem Anpreßdruck ein gutes Haften gewährleistet.

Der Motor mit der treibenden Scheibe a ist im Schlitten b gelagert. Mittels Handrades c und Spindel d läßt sich der Schlitten b senkrecht bewegen. Dadurch erhält die treibende Scheibe a jeweils einen anderen Berührungsdurchmesser zur geriebenen Scheibe e. Die Scheibe a besteht aus hartem, verschleißfestem Gußeisen, während die Scheibe e mit einem Ring aus Hartgewebe versehen ist. Nur dieser Ring unterliegt dem Verschleiß. Er kann, je nach Beanspruchung des Getriebes, nach mehrjähriger Laufzeit leicht ausgewechselt werden. Von Scheibe und Achse e wird die Bewegung über ein Zahnradpaar f und g auf die Achse h weitergeleitet. Die Scheiben a und e werden durch die Feder i zusammengedrückt. Außerdem wird durch Schrägverzahnung in dem Zahnradpaar f und g ein zusätzlicher Axialdruck erzeugt, der sich dem jeweiligen Drehmoment anpaßt.

Dadurch wird es möglich, das Getriebe zeitweise sehr hoch zu überlasten. Auch bei den kleinsten Getriebedrehzahlen kann der Motor bis zum Kippen gebracht werden. Die Leistung am Antrieb läßt sich also konstant halten, was besonders für Werkzeugmaschinen sehr wichtig ist.

Das ganze Getriebe ist äußerst einfach und wegen der großen Verschleißfestigkeit sehr dauerhaft. Im übrigen würde auch bei Abnutzung das Auswechseln der Preßstoffeinlage nicht teuer werden. Es stünde in keinem Verhältnis zu den Kosten, die ein Bruch von Zwischengliedern einer der erwähnten Getriebe verursachen würde. Eine

---

[1] Der Firma Richard Hofheinz u. Co., Haan (Rhld.), sei für die Überlassung des Bildes gedankt.

Betriebsstörung würde das Einsetzen einer neuen Einlage, das sehr schnell vonstatten geht, ebenfalls nicht nach sich ziehen.

Die Anwendung von Preßstoff spart in diesem Falle nicht nur Metalle. sondern gestattet auch eine einfache Konstruktion und erhöht die Betriebssicherheit. Die Bauform kann klein, damit also werkstoffsparend ausgeführt werden und erlaubt jede Drehzahl und jede Art der Steuerung, z. B. Schnellverstellung und Einzelbedienung.

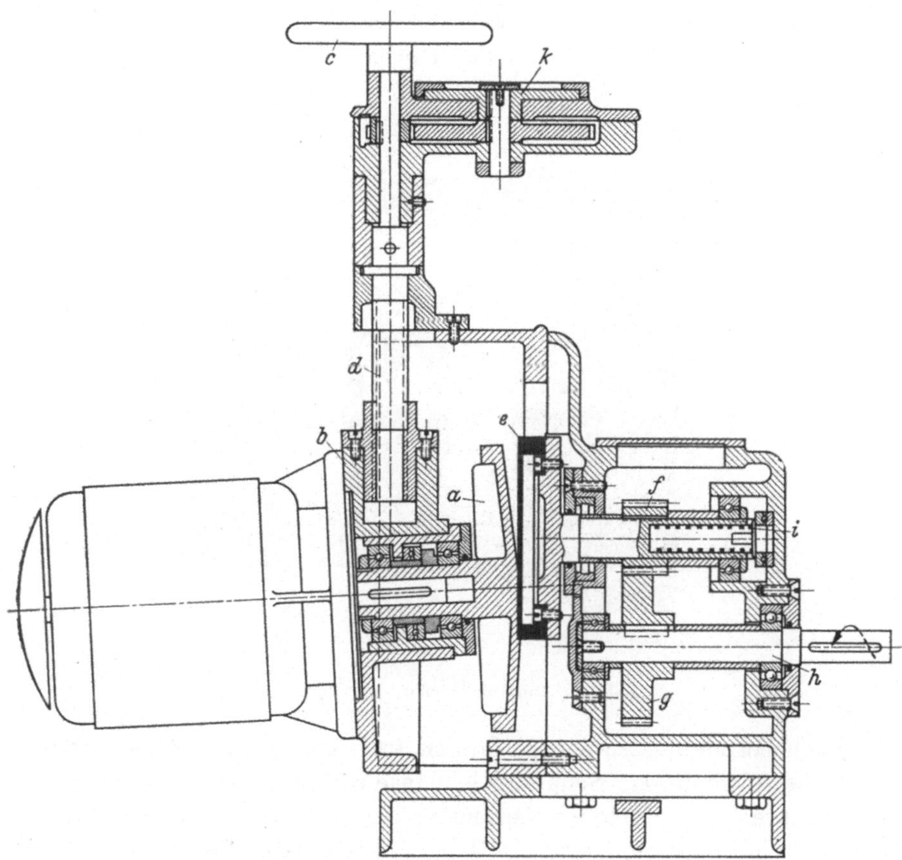

Abb. 45. Stufenloses Reibradgetriebe mit Preßstoffring.

3. Gehäuse.

Schon frühzeitig wurde die hervorragende Eignung der Kunstharzpreßstoffe als Werkstoff für Gehäuse aller Art erkannt. Ganz besonders in der Elektrotechnik haben sie sich wegen ihrer guten Eigenschaften als Isolierstoff glänzend bewährt. Sie gestatten das Anbringen spannungsführender Metallteile im Gehäuse und lassen den durch Schadhaftwerden der Isolation entstehenden so lästigen Körperschluß nicht zu. Neben der Korrosionsfestigkeit und der schönen glatten Oberfläche, die keinerlei Nachbehandlung durch Lackieren oder ähnliches bedarf, ist es vor allem die Steifigkeit, die Preßstoffgehäuse solchen aus Blech überlegen macht. Ein Beispiel dafür sind die zahlreichen Rundfunkgehäuse aus Preßstoff, die sich wegen der Vielgestaltigkeit der Formen und der Schönheit ihrer Oberfläche durchsetzen konnten (Abb. 46). Schwierigkeiten, die, besonders bei Lautsprechergehäusen, früher dadurch auftauchten, daß ein „harter Preßstoffklang" dem „weichen Holzklang" gegenüber als unangenehm empfunden wurde, konnten durch größere Steifigkeit des Gehäuses und Verlagerung der Eigenfrequenz aus dem Gebiet der Hörbarkeit völlig beseitigt werden.

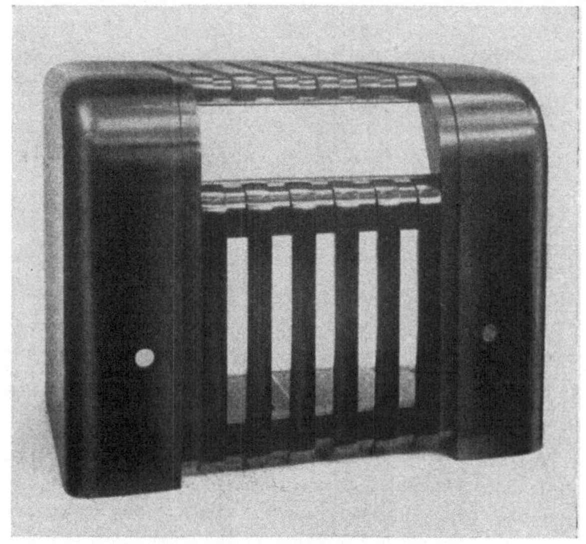

Abb. 46. Rundfunkgehäuse aus Preßstoff.

Auch bei Meßinstrumenten fanden Preßstoffe zur Gehäusefertigung vielfache Anwendung. Schalttafelgehäuse zeichnen sich neben den oben schon erwähnten Vorteilen besonders dadurch aus, daß sie das Anbringen von Bezeichnungen, z. B. von Polen oder Meßbereichen, bei der Herstellung gestatten. Das gleiche gilt für Zählergehäuse und Schalterhauben, die heute fast ausschließlich aus Preßstoff gefertigt werden. Abb. 47 gibt eine Reihe solcher Gehäuse wieder.

Während sich für diese mechanisch wenig beanspruchten Teile der Typ S als ausreichend erwies und darüber hinaus durch seine gute Fließfähigkeit in der Form recht kompliziert gestaltete Preßlinge zuließ, hat sich für Stücke, die gelegentlich Stößen ausgesetzt sein können, der Typ T2 bestens bewährt. Staubsaugergehäuse, wie sie die Abb. 48 im Hintergrund zeigt oder auch Gehäuse für Handbohrmaschinen usw., können zweckmäßig aus diesem Preßstofftyp hergestellt werden. Als weiteres Beispiel sei noch ein bemerkenswertes Preßstück angeführt, das in Abb. 49 wiedergegeben ist. Es handelt sich um eine Schutzhaube, wie sie von Schweißern bei der Arbeit getragen wird. Sie ist aus Preßstoff Typ T 2 gefertigt.

Abb. 47. Gehäuse für Meßinstrumente.

Taschenlampenhülsen sind in den verschiedensten Größen und Formen auf dem Markt. Es wird ihnen häufig der Vorwurf allzu geringer Festigkeit gemacht. Dies ist jedoch nur bedingt richtig; denn bei Beanspruchung auf Druck nimmt im allgemeinen die Batterie infolge der großen Elastizität der Hülse die einwirkende Kraft auf. Bei Schlagbeanspruchungen, etwa beim Fall der Lampe auf Pflaster, geht fast

Abb. 48. Verschiedene Gehäuse.

stets die Birne zu Bruch, d. h. die Lampe als solche ist für eine derartige Behandlung nicht geeignet und wird von vornherein unbrauchbar, ganz gleich, ob nun noch das Gehäuse vielleicht springt oder nicht. Die seit Jahrzehnten bekannten Dynamotaschenlampen verdankten dem zu Kriegsbeginn herrschenden Mangel an Batterien ihre Wiederauferstehung. Sie befinden sich in den verschiedensten Ausführungen im

Handel und erfreuen sich bereits jetzt einer solchen Beliebtheit, daß sie sich auch nach dem Kriege der zwar bequemeren, aber im Betrieb weniger wirtschaftlichen Batterielampe gegenüber behaupten dürften.

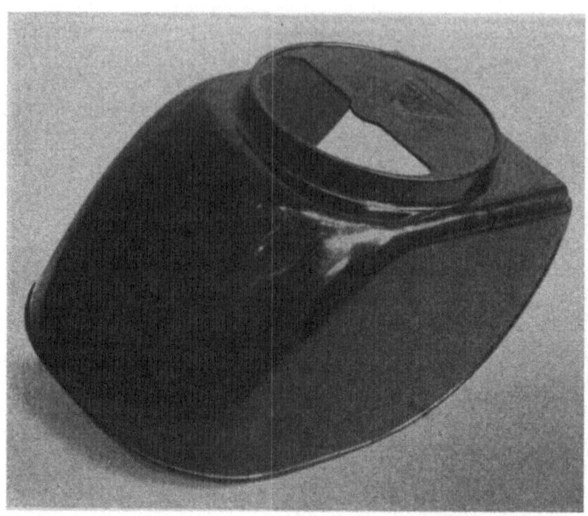

Abb. 49. Schweißerschutzhaube aus Preßstoff Typ T 2.

Die Verwendung von Preßstoff für die Gehäuse dieser Lampen bildete eine Selbstverständlichkeit.

In gleicher Weise wie bei elektrischen Geräten haben sich Preßstoffgehäuse auch bei anderen Meßinstrumenten bewährt. Hierbei handelt es sich keineswegs nur um Stücke kleinen Ausmaßes. Das in Abb. 47 im Hintergrund stehende große Luftmessergehäuse ist aus Preßstoff Typ S gefertigt. Es enthält im oberen Teil ein Manometer, während am unteren die zum Nachfüllen von Luft in die Reifen notwendigen Bedienungshebel angebracht werden. Das Stück ist der im praktischen Betrieb üblichen rauhen Behandlung durchaus gewachsen. Durch die

Abb. 50. Seitenwände einer Registrierladenkasse.

günstigen Eigenschaften seiner Oberfläche behält es auch im Freien ein gutes Aussehen.

Weitere Beispiele sind in Abb. 48 wiedergegeben. Wir erkennen im Vordergrund, von links nach rechts, ein Gehäuse für eine Fahrradlampe einen Ventilatorverschluß, zum Teil aus Preßstoff Typ K gefertigt, einen Haartrockner und schließlich eine Richtungsanzeigelampe für Straßenbahnen, ebenfalls aus Preßstoff Typ K.

Eine weitere Anwendung ist in den Abb. 50 und 51 wiedergegeben. Sie zeigen Teile einer Registrierladenkasse aus Preßstoff Typ S. Die beiden Seitenwände, von denen die in Abb. 50 links dargestellte dem Beschauer die Innenseite zuwendet, gestatten einen Einblick in die Vorteile der Gestaltung aus Preßstoff. Zahlreiche Ansätze und Löcher dienen zur Befestigung und Lagerung der Innenteile. Durch die Fertigung solcher Stücke in einem einzigen Arbeitsgang wird der Lohnanteil, etwa gegenüber einer Metall- oder Holzbearbeitung, beträchtlich niedriger. Das Auswechseln schadhaft gewordener Teile bietet infolge der Genauigkeit der Herstellung keinerlei Schwierigkeit. Bedingt durch

den Glanz der Oberfläche und die große Auswahl an Farben oder auch Maserungen zeigt eine solche Kasse schon rein äußerlich ein schmuckes Aussehen. Die zugehörige Schublade mit verschiedenen Vertiefungen ist in Abb. 51 dargestellt. Sie hat sich ebenso durch ihr niedriges Gewicht als angenehm im Gebrauch erwiesen wie durch die Eigenschaft, daß sie sich „warm" anfaßt und mühelos gereinigt und sogar abgewaschen werden kann.

Abb. 51. Schublade einer Registrierladenkasse.

Erwähnt seien schließlich noch die vielen Anwendungen von Preßstoff beim Bau von kleinen Behältern und Verpackungen. Sie tragen durch ihr hübsches Aussehen viel zur Werbung beim Kunden bei, der sich, wenn ihm die Wahl zwischen zwei verschiedenen Erzeugnissen gleichgültig ist, stets zu der geschmackvoller verpackten Ware entschließt. Für den Werbefachmann und den Verteiler, der seine Kunden psychologisch auch in kleinen Dingen genau kennen muß, ist das von großer Wichtigkeit.

4. Gewinde.

a) Allgemeines.

Die vielseitige Anwendung der Preßstoffe als Werkstoffe im Maschinen- und Apparatebau ist nicht zuletzt bedingt durch die Möglichkeit, saubere und feste Gewinde herzustellen. Wie wir bereits oben gesehen haben, können Gewinde sowohl unmittelbar beim Preßvorgang gefertigt als auch nachträglich in den fertigen Preßling in der üblichen Weise geschnitten werden. Für die Wahl des Verfahrens sind praktische und wirtschaftliche Gründe maßgebend. Gewinde kleineren

Durchmessers, und zwar solche, deren Achse senkrecht zur Preßrichtung liegt, werden besser nachträglich geschnitten. Eine allgemeine Regel läßt sich jedoch nicht angeben. Die Frage muß im Einzelfall entschieden werden. Ebenso ist es, wenn auch nur in selteneren Fällen, zuweilen zweckmäßig, auf ein Preßstoffgewinde überhaupt zu verzichten und eine Metallmutter einzupressen. Eine solche Anordnung ist jedoch meist nicht werkstoffgerecht und sollte daher weitgehend vermieden werden.

b) Festigkeit der Gewinde.

Die Beanspruchung der Gewindegänge beruht wegen der unvollkommenen Auflage der Fläche und wegen des Spitzenspiels nicht auf reiner Scherung. Wir haben es daneben auch mit Biegespannungen zu tun. Nach MEHDORN verhält sich der Anteil der Scherung zu dem der Biegung etwa wie $3:1$[1]. Eine derartige Rechnung birgt jedoch stets gewisse Unsicherheiten in sich. Die Berechnung auf reine Biegung führt dagegen stets zum Ziel. Wenn dabei die Sicherheit noch größer wird, als sie vielleicht angenommen wurde, so ist das keineswegs unzweckmäßig, sondern sogar insofern vorteilhaft, als die Schwankungen in den Festigkeitswerten recht groß sind. Eine schnelle, überschlagsmäßige Berechnung gestatten die nachstehenden Faustformeln, die jedoch nur die Scherung berücksichtigen: Bei nichtgeschichteten Stoffen ist $P = 6,4 \cdot d \cdot t$, bei geschichteten $P = 4,25 \cdot d \cdot t$. Hierin ist P die Ausreißkraft in kg, d der Gewindedurchmesser in mm und t die Einschraubtiefe in mm. Der Sicherheitsfaktor liegt zwischen 2 und 4, im Mittel etwa bei 3.

Gewinde in Preßstoff des Typs S weisen eine etwas größere Festigkeit auf als beim Typ T2. Der Grund liegt zunächst in der größeren Biegefestigkeit. Dazu kommt noch, daß häufig die Spitzen des gepreßten Gewindes beim Typ T2 aus Reinharz bestehen, da die groben Schnitzel die feinen Rillen der Form nicht satt auszufüllen vermögen. Reinharz ist aber besonders empfindlich gegen Pressung und kann den Bruchvorgang leicht einleiten.

Eine weitere Ursache liegt darin begründet, daß die Schnitzel im Vergleich zur Ganghöhe des Gewindes groß sind. Ihre Lage zum Bruchquerschnitt ist deshalb dem Zufall überlassen. Die gleiche Erscheinung zeigt sich auch bei nachträglich geschnittenen Gewinden. Angeschnittene Schnitzel haben geringere Festigkeit und führen auch zu Zermürbungen ihrer unmittelbaren Umgebung durch mikroskopisch feine Risse. Die Folge ist eine rauhere Oberfläche der Gewindegänge und eine kleinere Ausreißfestigkeit des Gewindes.

Alle diese Einflüsse sind jedoch insofern nicht allzusehr von Bedeutung, als sich das Festigkeitsverhalten eines Preßstoffgewindes

---

[1] MEHDORN, K., Z. Kunststoffe Bd. 29 (1939) S. 303.

bequem durch Änderung der Einschraubtiefe regeln läßt. Im großen und ganzen wächst die Ausreißfestigkeit bis zu einer Einschraubtiefe von $2 \cdot d$ ($d =$ Gewindedurchmesser) in gleichem Verhältnis mit dieser. Bei größerer Tiefe erreicht sie nicht mehr ganz die Werte, die diesem Verhältnis zukämen. Zahlentafel 10 gibt einige Ausreißfestigkeiten wieder, die mit gepreßten und geschnittenen Gewinden bei den Typen S und T 2 erreicht wurden[1].

Zahlentafel 10. Festigkeit von gepreßten und geschnittenen Gewinden bei den Preßstofftypen S und T 2.

Gewinde M 3. Festigkeit in kg.

Einschraubtiefe	$0,5 \cdot d$	$1,0 \cdot d$	$1,5 \cdot d$	$2,0 \cdot d$
Typ S, gepreßt . . .	100	190	285	370
Typ S, geschnitten . .	85	165	240	310
Typ T 2, gepreßt . . .	75	165	250	330
Typ T 2, geschnitten .	65	135	200	270

Gewinde M 5. Festigkeit in kg.

	$0,5 \cdot d$	$1,0 \cdot d$	$1,5 \cdot d$	$2,0 \cdot d$
Typ S, gepreßt . . .	275	520	770	920
Typ S, geschnitten . .	300	580	880	1100
Typ T 2, gepreßt . . .	230	460	700	950
Typ T 2, geschnitten .	250	520	810	1090

Abgesehen von den Schwankungen, die bei Einzelwerten auftreten, besteht zwischen gepreßten und geschnittenen Gewinden hinsichtlich ihrer Festigkeit kein Unterschied. Wenn auch bei einer Einschraubtiefe von $1,5 \cdot d$ das Gewinde bereits soviel aushält, daß bei starkem Anziehen der Kopf einer Messingschraube abgeschert würde, so sollte man doch aus Sicherheitsgründen mit der Einschraubtiefe nicht unter einem Mindestwert von $2 \cdot d$ bis $3 \cdot d$ bleiben.

c) Gewinde in geschichteten Preßstoffen.

Bei geschichteten Preßstoffen soll die Gewindeachse senkrecht zur Schichtrichtung liegen. In Schichtrichtung liegende Gewinde sind zwar möglich, müssen jedoch sehr vorsichtig geschnitten werden. Einspannen der Platte ist unbedingt notwendig, da sonst ein Platzen in den Schichten eintreten könnte. Wenn möglich, sollte jedoch eine solche Gewindelage vermieden werden.

Einige Festigkeitswerte, die bei Platten aus feinem und grobem Baumwollgewebe und grobem Zellwollgewebe sowie Hartpapier Klasse II erzielt wurden, sind in Zahlentafel 11 zusammengestellt. Die Unterschiede zwischen den einzelnen Schichtstoffarten sind bei kleinen Gewindedurchmessern nicht bedeutend. Erst bei größeren Gewinden zeigt sich eine geringe Überlegenheit des Feingewebes.

---

[1] MEHDORN, K.: Z. Kunststoffe Bd. 29 (1939) S. 303.

Auch bei den geschichteten Preßstoffen besteht zwischen Ausreißfestigkeit und Einschraubtiefe ungefähr Verhältnisgleichheit. Es ist jedoch zu beachten, daß bei kleinen Tiefen von etwa $0,5 \cdot d$ leicht ein kegelförmiges Ausplatzen stattfindet, während erst bei größeren Tiefen, von etwa $1 \cdot d$ an, die Gewindegänge abgeschert werden. Geschichtete Preßstoffe sind also gegen geringe Einschraubtiefen besonders empfindlich. Auch bei ihnen ist es daher nicht ratsam, unter einen Mindestwert von $2 \cdot d$ bis $3 \cdot d$ zu gehen.

Zahlentafel 11. Festigkeit von Gewinden in geschichteten Preßstoffen. Gewindeachse senkrecht zur Schichtrichtung. Festigkeit in kg.

Einschraubtiefe	Feingewebe		Grobgewebe		Zellwollgew. grob		Hartpapier Kl. II	
	$1 \cdot d$	$1,5 \cdot d$	$1 \cdot d$	$1,5 \cdot d$	$1 \cdot d$	$1,5 \cdot d$	$1 \cdot d$	$1,5 \cdot d$
M 4	205	295	200	295	160	360	150	330
M 5	250	435	250	380	260	450	250	480
M 6	485	795	500	810	650	860	520	700
M 7	790	1080	700	990	680	920	630	820
M 8	1040	1700	800	1180	830	1280	750	1060

Als Beispiel für die obenerwähnten Formeln nehmen wir an: Nichtgeschichteter Preßstoff, Gewinde M 5, $t = 7,5$ mm, und erhalten $P = 6,4 \cdot 5 \cdot 1,5 = 240$ kg. Durch Vergleich mit den in Zahlentafel 10 angegebenen gemessenen Werten finden wir Sicherheitsfaktoren zwischen 2,9 und 3,7.

d) Anwendungen.

In den weitaus meisten Fällen sind Preßstoffgewinde Muttergewinde; denn Gewindebolzen aus Preßstoff wären wegen der geringen Zugfestigkeit dieser Werkstoffe nicht möglich. Eine Ausnahme bilden lediglich gewickelte Vollrundstäbe, an deren Enden grobe Gewinde eingeschnitten werden können. Sie dienen jedoch meist nur zu Isolierzwecken und werden mechanisch nicht allzu hoch beansprucht. Bei großen Durchmessern sind aber feingängige Gewinde gut brauchbar. So können beispielsweise Deckel von Büchsen oder Verpackungsdosen durch Innen- und Außengewinde in Preßstoff befestigt werden. Sie zeichnen sich durch eine tadellos glatte Oberfläche aus und sind derart fest, daß bei Überbeanspruchung, etwa durch Einspannen in einen Schraubstock und Überdrehen mit einem großen Schraubenschlüssel, zwar der Deckel oder das Gefäß zu Bruch gehen, das Gewinde jedoch hält. Eine weitere Annehmlichkeit besteht darin, daß eine Beschädigung durch Verbiegen oder Breitschlagen der Gänge nicht eintreten kann. Bei Beschädigung bröckelt lediglich etwas Preßstoff ab, wodurch aber der leichte Gewindegang keineswegs beeinflußt wird und auch die Festigkeit keine große Einbuße zu erleiden braucht.

Preßstoffmuttergewinde sind wohl in Form von Tubenverschraubungen am meisten verbreitet. Ihre Herstellung im Preß- oder Spritzverfahren bietet keine Schwierigkeit. Größere Aufmerksamkeit ist aber der Gestaltung von Gewindelöchern zu schenken, wie sie zur Befestigung des Deckels an der Stirnseite der Seitenwände von Rundfunkgehäusen häufig angebracht sind. Sie werden im allgemeinen eingepreßt, wobei die eingangs erwähnten Gestaltungsregeln besondere Beachtung erheischen. Ein nachträgliches Einschneiden ist bei den geringen Wanddicken nicht einfach. Eine Entscheidung darüber, welches Verfahren den Vorzug verdient, kann nur von Fall zu Fall getroffen werden.

Hochbeanspruchte Muttergewinde finden sich hauptsächlich in Preßstoffisolatoren. Häufig sind sie so gestaltet, daß an Stelle von eingepreßten Gewindebolzen Sacklöcher mit Gewinde vorgesehen sind, in die die Bolzen nachträglich eingeschraubt werden. Dies bringt den Vorteil mit sich, daß beim Durchschlagen eines Isolators lediglich das Preßstück ausgewechselt werden muß. Weiterhin wird der Nachteil vermieden, daß die Bolzen zu dicht zusammenkommen oder auch verbogen werden, was beim Einpressen immerhin vorkommen könnte. Die Festigkeit dieser Gewinde ist außerordentlich hoch. Häufig werden mehrere Tonnen Bruchlast erzielt, ein Wert, der den praktischen Bedürfnissen vollauf genügt. Das Gewinde reißt dabei nicht aus, sondern der ganze Isolator wird an seinem gefährlichen Querschnitt abgerissen.

Rein preßtechnisch gesehen wären abgerundete Gewinde günstiger als Spitzgewinde. Der Wert einer Einführung solcher Sondergewinde wäre jedoch durchaus fragwürdig. Es würde sich nämlich damit die Notwendigkeit ergeben, auch Metallschrauben, die für diese Gewinde vorgesehen sind, herzustellen. Das würde aber nichts anderes bedeuten, als daß entgegen allen Normungsbestrebungen, die in der letzten Zeit durch Verbot aller Gewindesorten für Gewinde unter 10 mm mit Ausnahme des metrischen einen beachtlichen Fortschritt erzielen konnten, wieder ein neues Gewinde auf dem Markt erscheinen würde. Der Preßtechniker sollte deshalb seine Sonderwünsche zurückstellen und im Interesse der Allgemeinheit nur noch das metrische Gewinde verwenden. Er dient damit nicht zuletzt auch sich selbst, denn ein neues Preßstoffgewinde dürfte der weiteren Anwendung doch nur im Wege stehen.

Gewinde in geschichteten Preßstoffen werden vor allem im Vorrichtungs- und Apparatebau angewandt. Sie dienen dabei fast ausschließlich als Muttergewinde für Halteschrauben. Die Bearbeitung des Werkstoffs ist bei Beachtung aller Regeln für die werkstoffgerechte Behandlung der Preßstoffe recht leicht. Flachkopfschrauben lassen sich gut versenken und werden im allgemeinen bevorzugt.

Infolge der großen Verschleißfestigkeit haben sich jedoch auch Preßstoffmuttern bei Spindeln in Walzwerken als geeignet erwiesen. Durch zweckmäßige Konstruktion kann die Mutter mit einem Stahlgehäuse abgestützt werden. Wegen des niedrigen Elastizitätsmoduls der Preßstoffe erübrigt es sich, alle einzelnen Gänge zu armieren. Die Kraft wird daher in der Hauptsache vom Stahlgehäuse aufgenommen, während der Preßstoff als Verschleißteil wirkt. Bronze, die seither als Werkstoff für diese Muttern verwandt wurde, wird dadurch in recht beträchtlicher Menge eingespart.

5. Riemen- und Seilscheiben.

a) Riemenscheiben.

Neben den Zahnrädern haben sich zur Übertragung einer Drehbewegung auch Riemenscheiben aus Kunstharzpreßstoff bewährt. Sie können aus Preßstoff Typ T2 gefertigt werden und genügen normalen Beanspruchungen vollständig. In vielen Fällen ist jedoch schon der Typ S ausreichend. Die Räder können als Speichenräder oder auch in Scheibenform ausgeführt werden. Ihre Befestigung geschieht in der gleichen Weise, wie dies bei den Zahnrädern besprochen wurde. Metallrädern gegenüber hat sich vor allem das geringe Gewicht des Preßstoffs als vorteilhaft erwiesen, besonders bei großen Drehzahlen. Die Beanspruchung durch Fliehkräfte ist bedeutend niedriger.

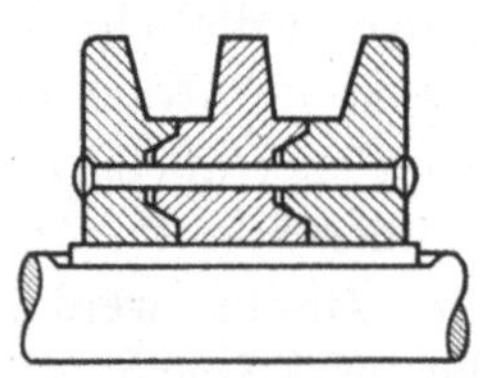
Abb. 52. Zusammengesetzte Keilriemenscheibe.

Neuerdings ist an Stelle des flachen Treibriemens mehr und mehr der Keilriemen getreten, der dem Flachriemen gegenüber eine Reihe von wirtschaftlichen Vorteilen aufweist. Für ihn sind besondere Keilriemenscheiben erforderlich, für die sich Preßstoff ebenfalls hervorragend eignet. Eine sehr zweckmäßige und werkstoffgerechte Konstruktion wurde von J. Haendel entwickelt, die in Abb. 52 dargestellt ist[1]. Der Laufkranz wurde in einzelne Profilringe unterteilt, die in beliebiger Menge, je nach der Anzahl der zu verwendenden Keilriemen, zusammengesetzt werden können. Die Rillen werden von den schrägen Flächen der Profilringe gebildet. Durch Versteifungsrippen, die in entsprechende Aussparungen eingreifen, wird die koaxiale Lage der Ringe gewährleistet. Der Zusammenhalt kann durch Schrauben oder Nieten erfolgen.

Kleine Scheiben lassen sich, wie in Abb. 52 zu sehen ist, mittels eingepreßter Metallbüchsen in der üblichen Weise durch Keil und Nut auf der Achse befestigen. Für Scheiben großen Durchmessers hat sich die Verwendung von Blechscheiben, die links und rechts von der gesamten Scheibe angeordnet werden, als geeignet erwiesen. Der aus einzelnen Profilringen bestehende Kranz wird von diesen Scheiben zusammengehalten.

---

[1] Von der Fa. Ingenieurbüro J. Haendel, Düsseldorf, Kasernenstr. 10 bis 14, zum DRP. angemeldet.

Preßtechnisch und wirtschaftlich bietet diese Konstruktion eine Reihe beachtlicher Vorteile. Der Zahnkranz läßt sich durch Einlegen weiterer vollkommen gleicher Zwischenringe beliebig breiter machen. Zu seiner Herstellung ist also nur eine einzige Form notwendig. Aber auch die Seitenringe können durch entsprechende Einlagen in der gleichen Form aus dieser gepreßt werden. Der Lieferant fertiger Riemenscheiben braucht sich nur eine größere Anzahl von Seiten- und Zwischenringen auf Lager zu halten und kann, je nach Wunsch des Kunden, beliebige Scheiben zusammensetzen. Weiterhin läßt sich das gleiche Preßwerkzeug zur Fertigung von Ringen verschiedener Durchmesser benutzen. Durch konzentrische Anordnung der einzelnen Hohlräume kann die sonst im Innern großer Ringe entstehende große Fläche ausgenutzt werden. Mehrere Ringe lassen sich somit in einem einzigen Preßvorgang herstellen. Die Form kann so eingerichtet werden, daß an den Berührungsstellen der Ringe im fertig zusammengesetzten Zahnkranz, bei denen es auf besondere Genauigkeit ankommt, kein Preßgrat entsteht. Eine Nacharbeit, die eine Vergrößerung der Toleranz zur Folge hätte, ist an dieser Stelle überflüssig. Sehr große Scheiben würden Formen großen Ausmaßes erfordern. Es ist aber möglich, durch Anfertigung und Zusammensetzung von einzelnen Segmenten auch diese Aufgabe in geschickter Weise zu lösen.

So bestechend und sinnreich die Konstruktion auch ist, so bieten sich ihrer Anwendung doch Widerstände, deren Überwindung nicht leicht zu erreichen sein dürfte. Die Gründe liegen in den zahlreichen Wünschen des Kunden, die hinsichtlich der Bohrung, des Durchmessers, der Nebenstellung und des Profils sehr voneinander abweichen. Hier wäre eine gründliche Erziehung zur Normung durchaus am Platze, Riemenscheiben mit Abstufungen von $^1/_{10}$ mm sind nicht notwendig. denn es wäre für den Konstrukteur nicht schwieriger, sich von vornherein nach vorhandenen genormten Scheiben zu richten, als nachträglich zur fertigen Maschine eine passende Riemenscheibe zu entwerfen.

Wirtschaftlich gesehen, mag der Hersteller von Preßstoffriemenscheiben vielleicht geltend machen, daß der Großverbraucher zur Selbstherstellung schreiten könnte, so daß für ihn nur noch die Bearbeitung von Einzelfällen übrigbleiben würde. Diese Gefahr besteht aber keineswegs für Riemenscheiben allein. Viele Preßstücke werden heute vom Verbraucher im eigenen Betrieb angefertigt, ohne daß damit die Preßwerke eine merkliche Einbuße erlitten hätten. Der Grund liegt einmal in der außerordentlich großen Mannigfaltigkeit und Vielseitigkeit der Anwendung von Preßstoffen und zum anderen in der Tatsache begründet, daß nur für sehr große Werke, die als Verbraucher von Preßstoffen in Betracht kommen, die Errichtung einer eigenen Presserei wirtschaftliche Vorteile bietet.

b) Seilrollen.

Bedeutend günstiger liegen die Absatzmöglichkeiten von Seilrollen, wie sie zur Umlenkung eines Seilzugs benötigt werden. Dabei bietet die Fertigung in Preßstoff heute keine Schwierigkeit mehr, nachdem es gelungen war, eine Seilrolle zu entwickeln, die durch gleichzeitige Verwendung verschiedener Preßstoffe allen Ansprüchen genügte.

Abb. 53 stellt drei verschiedene Seilrollen dar. Bei der Ausführung in Typ T3 besteht bei starkem Seilzug die Gefahr des Spaltens, da die Zugfestigkeit senkrecht zur Schichtrichtung nur gering ist. Die Anwendung des Typs T2 zeigt diesen Nachteil nicht. Dafür ist aber die Biegefestigkeit dieses Typs so gering, daß mit einem Abbröckeln oder gar Ausbrechen des Randes zu rechnen ist. Insbesondere bei schrägem Seilzug kann dies leicht eintreten. Wie schon in vielen anderen Fällen, so führte auch hier die Verwendung von Verbundstoff zum Ziel. Wird eine Deckplatte aus geschichtetem Material aufgebracht, so entsteht eine Rolle, die nur noch die Vorteile der zuvor genannten Ausführungen aufweist. Der im Innern vorhandene Preßstoff vom Typ T2 zeigt keinerlei Neigung zum Spalten, und die Ränder weisen durch die geschichtete Auflage eine so große

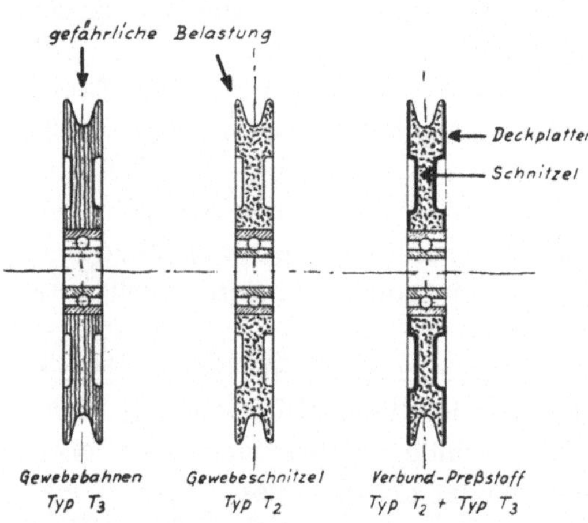

Abb. 53. Aufbau einer Seilrolle.

Biegefestigkeit auf, daß ein Ausbrechen praktisch nicht mehr eintritt. Im Betrieb haben sich diese Rollen aufs beste bewährt. Schon die Prüfung, die eine sehr häufig erfolgende Hin- und Herbewegung bei großer Last unter schräger Seilrichtung vorsieht, zeigte die große Widerstandsfähigkeit. Das eingesetzte Kugellager gewährleistet einen sehr leichten Lauf. Sie werden in den verschiedensten Größen angefertigt und sind nach DIN L61 genormt worden.

Für kleine Stückzahlen lohnt sich natürlich die Herstellung einer Preßform nicht. Außergewöhnlich große Räder oder auch kleinere in Sonderausführung für bestimmte Zwecke müssen deshalb aus geschichtetem Material ausgedreht werden. Sofern die Größen richtig bemessen sind und der Seilzug keine allzu großen Werte erreicht, genügen auch solche Räder den an sie zu stellenden Anforderungen durchaus. Vor rauher Behandlung, wie z. B. Schlagbeanspruchung des Randes, sind sie zu schützen. Das Ausdrehen des Rades zwischen Nabe und Bund, etwa in der Form wie es in Abb. 53 zu sehen ist, ist nicht zu empfehlen.

Es bietet zwar hinsichtlich der Gewichtsverminderung einen kleinen Vorteil, der aber durch den Nachteil der geringeren Festigkeit und der Gefahr des Spaltens weit übertroffen wird.

6. Griffe und Handräder.

a) Allgemeines.

Gewiß entstanden viele Anwendungen von Kunstharzpreßstoffen aus dem Zwang heraus, devisengebundene Metalle durch heimische Werkstoffe zu ersetzen. Vielleicht werden einige davon wieder verschwinden, sobald wir die ursprünglich benutzten Stoffe in beliebigem Umfange zur Verfügung haben werden. Die meisten werden jedoch auch weiterhin bleiben. Hierzu gehören vornehmlich Teile, die keine Sonderkonstruktion für Spezialzwecke darstellen, sondern denen wegen ihrer allgemeinen Anwendbarkeit besondere Bedeutung zukommt. Hierzu gehören insbesondere Griffe aller Art sowie Handräder. Die mechanische Beanspruchung solcher von Hand zu bedienenden Stücke ist nicht groß. Preßstoffe eignen sich daher ebenso gut dazu wie die seither verwendeten Metalle. Ihre besonderen Eigenschaften wie Korrosionsfestigkeit, glatte Oberfläche, geringe Wärmeleitfähigkeit und Splitterfreiheit, kommen dabei zur Geltung und machen sie auch anderen Werkstoffen, wie z. B. dem Holz, weit überlegen. Einen weiteren Vorteil bietet die Möglichkeit, beliebige Farben anzuwenden. Beispielsweise lassen sich für die Bedienungsgriffe für Vorwärts- und Rückwärtsgang einer Maschine verschiedene Farben benutzen. Dadurch werden Verwechslungen vermieden, und die Arbeit wird erleichtert.

b) Griffe.

Wegen ihrer guten Isolationseigenschaften haben sich Preßstoffgriffe zunächst in der Elektrotechnik einen Platz erobert, aus dem sie wohl kaum jemals wieder verdrängt werden dürften. Schaltergriffe und -knebel oder Drehknöpfe an Rundfunkgeräten werden heute ausschließlich aus diesen Stoffen gefertigt. Nach und nach konnten sie aber auch in das Gebiet des Maschinenbaus eindringen. Es gibt wohl kaum Maschinen, die nicht an irgendeiner Stelle Griffe zur Bedienung besitzen. Abb. 54 zeigt eine Reihe von länglichen Griffen mit eingepreßten Gewindebolzen. Selbstverständlich ist es ebenso leicht möglich, sie hohl auszuführen und drehbar auf einer Achse zu befestigen. Auch ein Innengewinde ist möglich und dabei durchaus werkstoffgerecht. Weiterhin gibt das gleiche Bild noch einige Kugelgriffe wieder, wie sie in großer Menge als Schalthebelgriff für Krafträder und als Bedienungsgriffe für Werkzeugmaschinen Verwendung finden. Sie können mit Preßstoffgewinde oder auch mit eingepreßter Metallmutter gefertigt werden. Als Werkstoff genügt der Typ S in mechanischer

Hinsicht vollständig. Darüber hinaus bietet er preßtechnische und auch preisliche Vorteile.

Griffe verschiedenster Art sind in Abb. 55 dargestellt. Beachtenswert ist der im Vordergrund liegende Notbremsgriff, der einen einge-

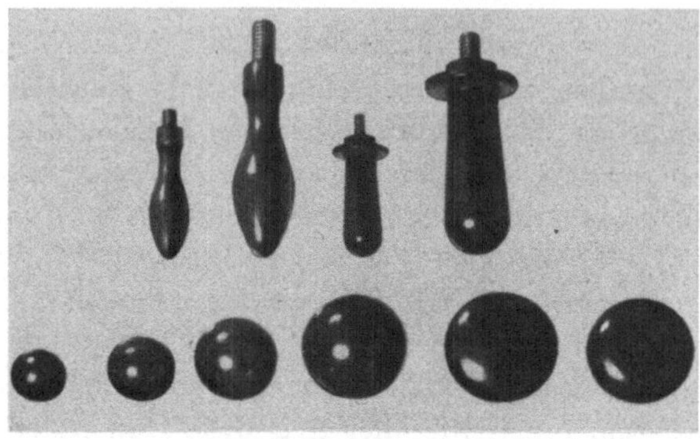

Abb. 54. Griffe aus Preßstoff.

preßten Metallbügel zur Verstärkung im Innern enthält (vgl. auch Abb. 12). Seine Herstellung ist wegen der verschiedenen Ausdehnungskoeffizienten von Metall und Preßstoff nicht einfach und verlangt viel Erfahrung. Solche Anordnungen sollten daher nur da angewandt werden, wo sie sich nicht umgehen lassen.

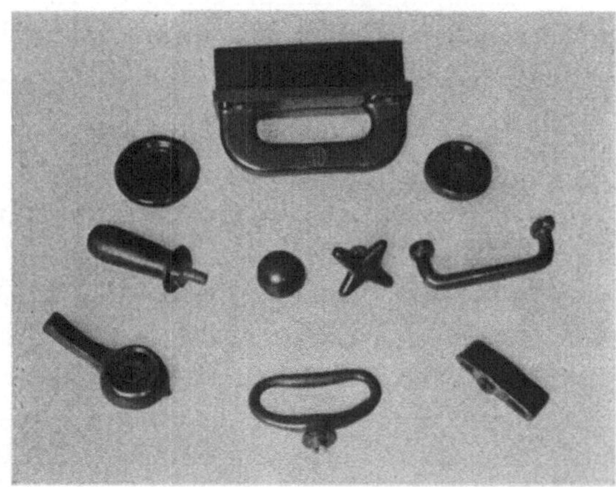

Abb. 55. Verschiedene Griffe.

Infolge ihres guten Verhaltens gegen Feuchtigkeit haben Preßstoffgriffe in Baderäumen usw. besonders zahlreiche Anwendungen gefunden. Sie werden meist als sog. Sterngriffe ausgeführt. Im allgemeinen genügt der Typ S. Nur an Stellen, an denen der Griff häufig der Einwirkung von Dampf und Wasser ausgesetzt ist, kann das Aussehen der

Oberfläche etwas an Glanz verlieren. In diesem Fall ist dem anorganisch gefüllten Typ 11 der Vorzug zu geben, der der schärfsten Feucht- und Wärmebeanspruchung gewachsen ist. Großer Beliebtheit erfreuen sich die in allen Farben herstellbaren Sterngriffe aus Preßstoff Typ K

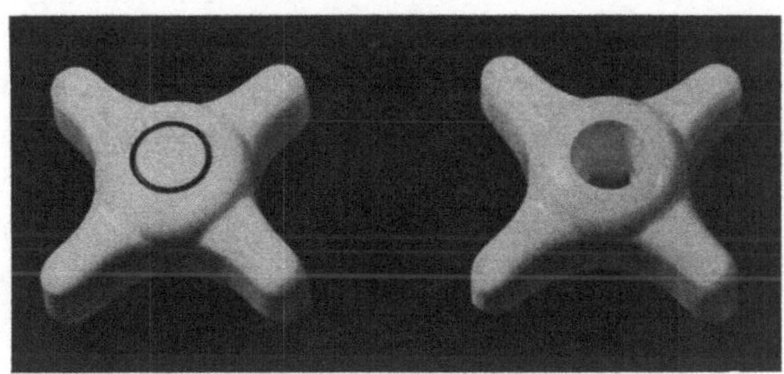

Abb. 56. Sterngriffe aus Preßstoff Typ K.

(Abb. 56). Zur Abdeckung der Befestigungsschraube tragen sie ein Einsatzstück. Die Anwendung eines farbigen Zwischenrings läßt die Stoßfuge verschwinden und belebt den im übrigen weißen Ring in geschmackvoller Weise. Verwendung finden solche Griffe hauptsächlich an Badeöfen und an Wasserleitungen in Klosetts.

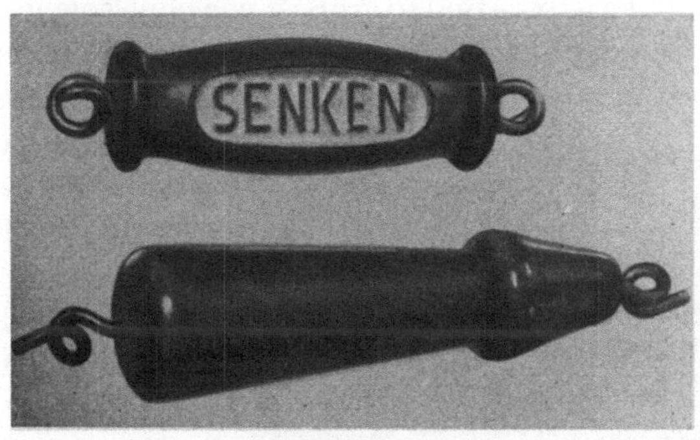

Abb. 57. Krangriffe.

Zur Bedienung von Kranen werden häufig Handgriffe an Ketten befestigt. Sie sind stärkeren Stößen ausgesetzt. Dem Typ S ist in diesem Falle ein schlagfester Typ vorzuziehen, z. B. der Typ Z2. Abb. 57 zeigt solche Kranbedienungsgriffe. Das Anbringen von Bezeichnungen wie „Heben" oder „Senken" ist leicht möglich.

c) Handräder.

Schon seit vielen Jahren werden kleinere Handräder zur Bedienung der Ventile von Heizungsanlagen u. ä. aus Preßstoff gefertigt. Zwei Konstruktionsbeispiele gibt Abb. 58 wieder. Die Räder, die durchweg aus Preßstoff Typ S hergestellt werden, werden auf einen Vierkant gesteckt und erleiden dadurch eine recht große Beanspruchung. Die Kantenempfindlichkeit dieses Preßstofftyps macht sich in der Ecke des Vierkantlochs besonders geltend. Man war daher bestrebt, dieser Schwierigkeit Herr zu werden. Bei der im Bilde links dargestellten

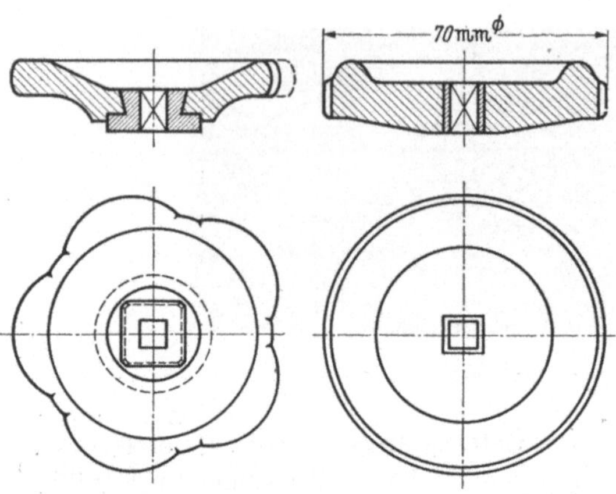

Abb. 58. Konstruktion kleiner Handräder.

Anordnung wird ein massives Eisenstück mit Vierkantloch eingepreßt, während die Metalleinlage bei der rechts gezeigten Konstruktion aus einem passend gebogenen Blech besteht. Häufig genügt es auch schon, ein einfaches Blechscheibchen mit Vierkantloch einzulegen (Abb. 59 unten). Die mechanische Festigkeit wird dadurch beträchtlich erhöht. Versuche zeigten, daß das zum Zertrümmern aufzuwendende Drehmoment bei Verwendung dieser kleinen Metallbleche etwa 3- bis 4 mal so groß ist wie ohne solche. Nachteilig ist jedoch die Gefahr des Rostens. Es hat sich daher als zweckmäßig erwiesen, an Stelle des Metalls einige Scheibchen aus bestrichenem dickem Papier, in die Vierkantlöcher eingestanzt waren, einzulegen. Mit diesem Verbundstoff wurden Festigkeiten erzielt, die mehr als 80% der mit Metalleinlage erreichten ausmachten. Die Scheiben härten beim Pressen aus und verbinden sich mit der umgebenden Preßmasse ausgezeichnet. Einlagen aus fertigem Hartpapier haben sich nicht bewährt, da die glatten Flächen eine solche Bindung nicht ermöglichen.

Abb. 59. Handräder aus Preßstoff.

Neben der Verhütung der Rostbildung und der Metallersparnis zeigt sich als weiterer Vorteil eine geringere Wasseraufnahme. Zwischen Metall und Preßstoff bilden sich häufig enge Ritze, die das Wasser begierig aufsaugen und die Rostbildung fördern. Bei Verwendung von Papiereinlagen ist die Oberfläche des Vierkantlochs völlig glatt.

Größere Handräder, die häufig als Speichenräder ausgeführt werden, zeigt Abb. 60. Am Radkranz ist ein Loch ausgespart, das zur Befestigung eines Handgriffs vorgesehen ist; sie werden als Bedienungselemente an Werkzeugmaschinen, elektrischen Geräten usw. verwendet. Für normale Beanspruchung genügt der Typ S. An Stellen, an denen die Räder gelegentlich auch Schlägen oder Stößen ausgesetzt sein können, ist der Typ Z 2 mehr zu empfehlen. Anstelle von Speichenrädern werden Vollscheibenräder an Automaten angebracht, an denen sie zwangsläufig umlaufen. Die Unfallgefahr wird hierdurch bedeutend verringert. Die Fliehkräfte sind wegen der geringen Wichte sehr niedrig und gestatten die Anwendung sehr großer Drehzahlen. Im übrigen können die bei Behandlung der Griffe erwähnten Vorteile der Preßstoffe auf Handräder ohne weiteres übertragen werden.

In manchen Fällen, wo außerordentliche Anforderungen in mechanischer Hinsicht gestellt werden, genügen Preßstoffräder nicht. Trotzdem braucht man aber auf viele Vorteile, die der Preßstoff bietet, nicht zu verzichten, wenn man den Radkranz mit einem Preßstoffüberzug versieht. Die Umpressung haftet auf dem Metall außerordentlich fest.

Abb. 60. Große Handräder aus Preßstoff.

d) Wirtschaftliches.

Der Bedarf an Griffen und Handrädern war schon von jeher recht beträchtlich[1]. Er hat sich in der letzten Zeit infolge der Sparmaßnahmen auf dem Eisen- und Stahlmarkt noch erheblich gesteigert. Viele Verbraucher mußten jedoch auf die Verwendung von Preßstoffrädern verzichten, da die Bedarfsmengen nicht so groß waren, daß sich der Bau einer Form gelohnt hätte. Eine Normung erwies sich daher als unbedingt notwendig. Die in Abb. 59 dargestellten beiden oberen Räder sind nach DIN 388 genormt. Das linke enthält eine starke Metallnabe, das rechte eine Blecheinlage. Auch für die größeren Räder ist eine Normung geplant. Sie soll sich eng an die Norm DIN 950 anlehnen und sich von ihr nur durch verstärkte Querschnitte unterscheiden.

---

[1] QUADE, K.: Z. Kunststoffe Bd. 30 (1940) S. 66.

Die gleichen Bestrebungen erwiesen sich auch bei den Griffen als notwendig. So wurden schon vor längerer Zeit die länglichen Hebelschaltergriffe in Abb. 54 nach DIN VDE 6001 genormt. Die im gleichen Bild gezeigten Kugelgriffe wurden in DIN 319 erfaßt. Durch diese Normung ist es möglich, auch die Kleinverbraucher zu beliefern und damit den Preßstoffen neue Absatzgebiete zu erschließen. Die Preßwerke können Preßwerkzeuge ohne großes Risiko anfertigen und auch kleinste Stückzahlen ab Lager kurzfristig liefern. Damit ist aber auch für den Verbraucher eine große Erleichterung verbunden.

C. Zusätzlich beanspruchte Teile.

1. Thermische Beanspruchung.

Häufig kommt es vor, daß bei Teilen von Maschinen oder Apparaten mit einer starken mechanischen Beanspruchung eine solche anderer Art, z. B. thermischer Natur, einhergeht. Für den Konstrukteur ist es daher von Wichtigkeit, neben den rein thermischen Eigenschaften, wie Wärmeleitfähigkeit usw., auch das Verhalten der mechanischen Eigenschaften in der Wärme zu kennen. In Zahlentafel 2 (S. 12) sind neben der höchstzulässigen Temperatur, die dauernd ausgehalten wird, noch weitere zulässige Höchsttemperaturen angegeben, bei denen die Biege- und Schlagbiegefestigkeit um nicht mehr als 10% im Wert absinken. Sie geben dem Konstrukteur einen Anhalt für die Beurteilung der Frage, inwieweit mechanisch beanspruchte Preßstücke kurzzeitig erwärmt werden dürfen. Diese Angabe allein genügt jedoch noch nicht. Mit der Wärmedehnung ist noch eine bleibende Schrumpfung verbunden, über die eine weitere Spalte in Zahlentafel 2 Auskunft gibt. Es sind die Temperaturen angegeben, bei denen die Schrumpfung 0,6% nicht übersteigt. Gewiß sind die Preßstoffe als organische Stoffe bezüglich ihrer thermischen Widerstandsfähigkeit den Metallen nicht vergleichbar. Immerhin sind sie aber doch in sehr vielen Fällen brauchbar und ähnlichen Stoffen, wie z. B. Hartgummi oder Holz, weit überlegen.

Zuweilen ist auch die Kenntnis des Verhaltens bei tiefen Temperaturen von Wichtigkeit. Im Bau von Kühlschränken haben die Preßstoffe ein beachtenswertes Anwendungsgebiet gefunden. Maßgebend waren die geringe Leitfähigkeit und die guten mechanischen Eigenschaften, die sich mit sinkender Temperatur praktisch nicht viel ändern. Viele Teile der inneren Kühlschrankausstattung wie Behälter usw. werden heute aus Preßstoff gefertigt. Aber auch recht beachtliche Stücke, z. B. ganze Türen, werden hergestellt. Abb. 61 zeigt eine Kühlschranktür von 85 cm Länge und 52 cm Breite. Es gibt die Rückseite der Tür wieder. Man erkennt neben zahlreichen eingepreßten Metallmuttern die Versteifungsrippen, die dem ganzen Stück große Steifigkeit verleihen. Bedeutend tiefere Temperaturen haben die bekannten Schneerohre an Handfeuerlöschern, die mit fester Kohlensäure $(-80°\,C)$ in Berührung kommen, auszuhalten. Dabei müssen sie mechanisch recht fest sein. Als geeignet hat sich der Typ **Z3** erwiesen. Besondere Beachtung verdient noch der Umstand, daß beim Ausströmen der Kohlensäure Preßstoffe sich elektrisch aufladen, was zu Belästigungen des das Gerät bedienenden Arbeiters führen kann.

Ebenso wichtig ist auch die Kenntnis des Verhaltens bei sehr hohen Temperaturen. In der Elektrotechnik können solche Beanspruchungen durch Kurzschlüsse, Lichtbögen und andere mit starker Wärmeentwicklung verbundene Erscheinungen auftreten. Als Anhalt soll die in Zahlentafel 2 (S. 12) angegebene Glutfestigkeit dienen. Sie ist ein Maß für die Brennbarkeit eines Stoffs. Gütegrad 0 bezeichnet einen brennbaren Stoff, Gütegrad 5 einen unbrennbaren. Preßstoffe des Typs T haben den Gütegrad 2 und entsprechen in ihrer Brennbarkeit dem Hartgummi und dem Eichenholz. Die Typen S, Z und K liegen mit Gütegrad 3 schon besser, während die anorganisch gefüllten Typen 11, 12 und M mit Gütegrad 4 den unbrennbaren Stoffen nahekommen.

Abb. 61. Kühlschranktür aus Preßstoff Typ S.

Es ist nun die Aufgabe des Konstrukteurs, den für den jeweiligen Zweck geeignetsten Werkstoff auszuwählen. Im allgemeinen kann er dabei so vorgehen, daß er zunächst die Stoffe aussucht, deren zulässige Höchsttemperatur über der zu erwartenden Gebrauchstemperatur des Fertigstücks liegt. Dann stellt er fest, welche Schrumpfung zugelassen werden kann und entscheidet sich für den mechanisch festesten der in Betracht kommenden Werkstoffe. Die richtige Auswahl zu treffen, ist nicht immer leicht. So wird beispielsweise für Fassungen bei Glühlampen neben einer hohen zulässigen Temperatur eine möglichst geringe Schrumpfung neben guter mechanischer Festigkeit verlangt. Außer dem Typ M, der devisengebundene Asbestschnüren zu seiner Herstellung erfordert, ist kein anderer Preßstofftyp in jeder Hinsicht befriedigend. In solchen Fällen ist es manchmal zweckmäßig, eine Mischung von S und 11 oder 12 zu versuchen. Jedoch führt diese Maßnahme nicht immer zum Ziel. Es bleibt dann nur der Weg, Sondermassen für solche Fälle zu entwickeln. Die Anregung hierzu muß aber vom Anwender ausgehen, der die Anforderungen, die an derartige neue Werkstoffe gestellt werden sollen, am besten kennt.

2. Elektrische Beanspruchung.

Ursprünglich war die Elektrotechnik das Hauptanwendungsgebiet der Preßstoffe. Ausschlaggebend war ihr gutes Verhalten als Isolierstoff. Der spezifische Widerstand liegt bei 10^9 bis 10^{13} Ohm·cm und steht somit dem anderer, seither gebräuchlicher Isolierstoffe nicht nach. Auch der Oberflächenwiderstand unterliegt wegen der glatten Preßhaut keinen großen Schwankungen, sofern keine allzu großen Beeinflussungen durch starke Feuchtigkeit oder Chemikalien, die zu Kriechwegen führen könnten, stattfinden.

Die Durchschlagsfestigkeit ist beträchtlich, insbesondere bei geschichteten Kunstharzpreßstoffen. Sie liegt bei den anorganisch gefüllten Typen über 50 kV/cm, bei den mit organischen Füllstoffen versehenen Typen über 100 kV/cm und erreicht bei Schichtstoffen Wert von über 500 kV/cm. Der dielektrische Verlustfaktor läßt sich bei den für elektrische Sonderanforderungen entwickelten Typen unter den Wert 0,1 bei 800 Hz bringen.

Durch diese günstigen Eigenschaften konnten sich die Preßstoffe vielen anderen Isolierstoffen gegenüber völlig durchsetzen und beherrschen auch heute noch den Markt. Maßgebend war außerdem die leichte Verwertbarkeit und Formbarkeit zu beliebigen Stücken sowie der hierdurch erzielbare niedrige Preis für Massenartikel. Erwähnt sei lediglich eine Fernsprecheranlage, die in Abb. 62 dargestellt ist. Hörer, Gabel und Stationskappe sind aus Typ S gefertigt, während für die stark beanspruchte Wählerscheibe der Typ Z3 genommen wurde. Die Teile, und zwar ganz besonders der Hörer, sind außerordentlich fest und halten die rauheste Behandlung aus. Die Verbindungsdrähte zwischen Mikrofon und Telefon sind natürlich eingepreßt. Der Isolierstoff dient somit gleichzeitig als Werkstoff des tragenden Bauteils. Mechanisch sehr stark beanspruchte Isolierteile sind Isolatoren. Sie werden entweder mit Preßstoffgewinde versehen (vgl. den Abschnitt über Gewinde) oder es werden eiserne Gewindebolzen eingepreßt. Diese müssen gegen Ausreißen durch einen Schraubenkopf und gegen Verdrehen durch einen Vierkant gesichert sein. Alle Kanten und Ecken sind gut abzurunden. Die Beanspruchung des Werkstoffs ist, abgesehen vom

Gewinde, das bedeutend mehr aushält als der Isolatorquerschnitt, eine reine Zugbeanspruchung.

Anders steht es mit den sog. Schnallenisolatoren, die zur Befestigung der Oberleitungen von Straßenbahnen und als sog. Streckentrenner usw. dienen. Auch für Grubenbahnen werden sie, hauptsächlich im Tagebau, viel verwandt. Sie bestehen aus rechteckigen Stahlrahmen, die beim Preßvorgang in den Preßstoff eingebettet werden. Ihre Durchschlagsspannung ist infolge der niedrigen Wanddicke nicht so groß, dafür sind sie mechanisch außerordentlich fest. Die Bruchlast hängt nur von der Festigkeit des Stahlrahmens ab, da der Preßstoff zwischen Befesti-

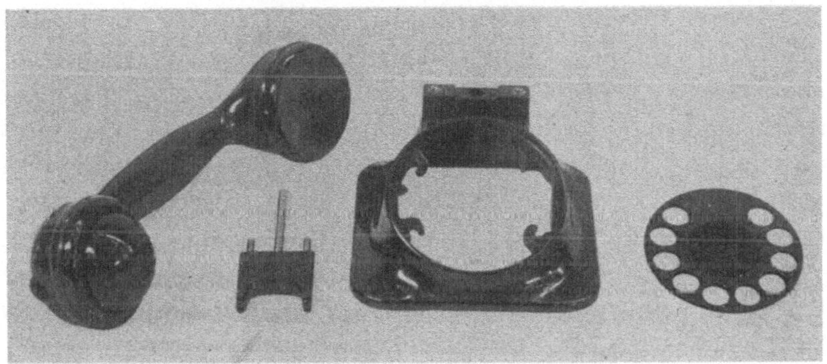

Abb. 62. Teile eines Fernsprechers aus Preßstoff.

gungsschelle und Kern lediglich auf Druck belastet wird. Kräfte von mehreren Tonnen werden anstandslos ohne Beschädigung der Isolierschicht ausgehalten.

Als Werkstoff für Isolatoren haben sich die Preßstofftypen T2 und Z2 wegen ihrer guten mechanischen Eigenschaften bestens bewährt. Zuweilen ist jedoch dem Typ T1 oder Z1 der Vorzug zu geben, insbesondere dann, wenn die Preßmasse sehr fließen muß. Harznester, die den Durchschlag begünstigen können, und die bei Verwendung der gröberen Schnitzel sich unter Umständen bilden, werden dadurch vermieden.

Schalttafeln werden schon lange aus Hartpapier gefertigt. Sie haben dem Marmor gegenüber den Vorteil des bedeutend geringeren Gewichts und der leichteren Bearbeitbarkeit. Die für solche Zwecke vorgesehene VDE-Klasse I steht in mechanischer Hinsicht der Normalqualität (Klasse II) kaum nach, hat aber ein besseres elektrisches Verhalten. Für Tafeln, die der Feuchtigkeit ausgesetzt sind, können die Klassen III oder IV genommen werden. Besonders die letztere weist eine sehr niedrige Wasseraufnahme auf. Die elektrischen Werte liegen dadurch etwas ungünstiger, sind aber immer noch brauchbar.

Die Stromführungsschienen elektrischer Bahnen müssen gegen ihre geerdeten Stützen isoliert werden. Hierzu dienen flache Preßstücke aus Typ T3. Sie haben einen hinreichend großen Widerstand und gute Durchschlagsfestigkeit und halten auch den Druck der Laschen, mit denen sie befestigt werden, gut aus. Gegen feuchte Luft sind sie völlig unempfindlich.

Für Hochspannungsanlagen werden häufig Stangen und Rohre zur Aufhängung von Geräten wie Luftkondensatoren, Funkenstrecken usw. benötigt. Auch zur Bedienung von Schaltern werden häufig isolierende Stangen verwandt. Rohre und Stäbe aus Hartpapier und Hartgewebe sind der geeignetste Werkstoff für diese Zwecke. Neben einem hohen Widerstand und großer Durchschlagsfestigkeit weisen sie eine sehr gute mechanische Festigkeit auf, die für alle vorkommenden Fälle ausreicht.

Als letztes Beispiel für elektrisch und gleichzeitig mechanisch beanspruchte Teile seien Umpressungen erwähnt, wie sie zum Isolieren von Zangengriffen dienen. Für große Zangen mit rohrförmigen Schenkeln können übergeschobene Hartpapierrohre dienen, die am Ende entweder mit einem eingeklebten Preßstoffstöpsel geschlossen oder im Preßvorgang mit einer Preßstoffabschlußhaube versehen werden. Letztere Anordnung ist noch günstiger, da sie ein Auftreten von Ritzen, durch die ein Durchschlag erfolgen könnte, ausschließen. Kleinere Zangen werden an den Schenkeln mit einer geeigneten Preßmasse umpreßt. Bewährt hat sich der Typ Z3. Die Isolierschicht zeigt eine große Durchschlagsfestigkeit und ist mechanisch fast unzerstörbar. Ebenso können natürlich auch Schraubenschlüssel aller Art, z. B. Steckschlüssel oder auch Schraubenzieher, mit Isoliergriffen versehen werden.

3. Beanspruchung durch Feuchtigkeit und Chemikalien.

a) Feuchtbeanspruchung.

Gerade durch ihre Korrosionsfestigkeit haben sich Kunstharzpreßstoffe als Austauschwerkstoffe an Stelle von Metallen besonders bewährt. Der Luftfeuchtigkeit sind alle Teile von Maschinen und Apparaten ausgesetzt. Darüber hinaus kommt es häufig vor, daß solche Teile auch der unmittelbaren Einwirkung von Wasser unterliegen. Sofern es bei solchen Stücken auf bleibende große Genauigkeit nicht ankommt und eine kleine Quellung zulässig ist, genügt der Typ S. Zweckmäßig ist es, zusätzlich noch eine Lackierung anzubringen. Abb. 63 zeigt einige Preßstücke, die starker Feuchtbeanspruchung ausgesetzt sind. Das zweite und das dritte Teil von links gehören zu einer Spülkastenarmatur. Versuchsweise wurden solche Preßstücke mehr als 3 Jahre lang in Wasser gelegt. Die zusätzlich aufgebrachte Lackierung wies lediglich mikroskopisch kleine Sprünge auf, die dem ganzen Stücke einen etwas anderen Farbton verliehen, ohne daß es dabei seinen Glanz eingebüßt hätte. Im übrigen zeigte sich keinerlei Veränderung, wenn man von einer kleinen Gewichtszunahme absieht.

Recht gut haben sich auch Preßstücke aus dem viel schlagfesteren Typ Z2 für Feuchtbeanspruchung bewährt. Das zeigt eine Waschschüssel (Abb. 64), die gegen vorübergehende Wassereinwirkung völlig unempfindlich ist. Verbiegen, Abspringen der Emaille und Rosten sind bei ihr ausgeschlossen. Dabei ist sie außerordentlich fest und verträgt einen Fall aus einem Meter Höhe auf Holzfußboden, ohne Schaden zu

Abb. 63. Feuchtbeanspruchte Preßstücke.

nehmen. Porzellanschüsseln ist sie daher ebenfalls, wenn auch in anderer Hinsicht, überlegen. Als ebenso zweckmäßig erwies sich die Herstellung eines Eimers aus Preßstoff des gleichen Typs. Er ist derart elastisch, daß ihm auch ein Herabrollen auf einer Treppe nichts schadet. Neben dieser mechanischen Unverwüstlichkeit hat er die günstige Eigenschaft, daß das bei Emailleeimern so lästige Durchrosten des Bodens bei ihm nicht eintreten kann.

Als Werkstoff für einen Geruchsverschluß, der ein Waschbecken gegen die Abflußleitung luftdicht verschließen und den Schmutz auffangen soll, hat sich ebenfalls der Typ Z 2 als außerordentlich geeignet gezeigt (Abb. 63 links). Er neigt trotz der einseitigen Wassereinwirkung nicht zum

Abb. 64. Waschschüssel aus Preßstoff.

Springen, wie dies gelegentlich bei Stücken aus Typ K vorkommt, und ist auch gegen heißes Wasser unempfindlich. Die Reinigung erfolgt durch einfaches Abschrauben und Entleeren des ganzen Topfes.

Geschichtete Preßstoffe haben ihr gutes Verhalten bei Feuchtbeanspruchung durch ihre Eignung als Lagerwerkstoff unter Wasserschmierung bewiesen. Ein anderes Beispiel gibt Abb. 65 wieder. Es handelt sich um eine Abtropfplatte für industrielle Zwecke. Sie ist aus Preßstoff Typ Z3 gefertigt und hat infolge ihrer flachen Form die

Schichtung völlig beibehalten. Da die weitaus größte Fläche, die der Feuchtigkeitseinwirkung dargeboten wird, in Schichtrichtung liegt, ist die Wasseraufnahme und damit die Quellung recht gering.

Bei bearbeiteten Stücken aus Preßstoff ist die Vorausbestimmung der Wasseraufnahme und Quellung schwierig. Im allgemeinen dringt an den senkrecht zur Schichtrichtung liegenden Flächen mehr Wasser ein als an den parallel zur Schichtrichtung verlaufenden. Bei dünnen Teilen ist sie verhältnismäßig kleiner als bei dicken. Es ist daher zweckmäßig, vor der Herstellung größerer Mengen und dem Einbau Versuche zu machen, die zeigen sollen, ob die Quellung nicht unzulässig hoch ist.

Abb. 65. Abtropfplatte aus Preßstoff Typ Z 3.

Die Anwendung von Preßstoffen für Teile, die der Einwirkung von Feuchtigkeit ausgesetzt sind, blieb nicht nur auf Stücke mit kleiner mechanischer Beanspruchung beschränkt. So wurden z. B. Wasserleitungshähne aus Preßstoff gefertigt. Ihre Betätigung erfolgt durch einen Schraubgriff an der Austrittsöffnung oder durch einen Druckknopf. Die Konstruktion ist so vorgenommen, daß kleine Quellungen des Werkstoffs die Wirkungsweise nicht beeinflussen. Beim Abschrauben von der Leitung schließt sich von selbst eine in einem Zwischenstück angebrachte Sperre, so daß sich ein Schließen des Haupthahns bei Reparaturarbeiten erübrigt. Preßstoffhähne haben sich solchen aus Rotguß oder Messing gegenüber als dauerhafter erwiesen. Sie sind hygienisch einwandfrei und bedürfen keinerlei Reinigung. Die Anwendung vieler Farben ist möglich.

Aber auch für Gase wurden Reiberhähne hergestellt[1]. Gashähne aus Metall benötigen ein Schmiermittel, um eine starke Abnutzung zwischen Reiber und Gehäuse zu verhindern. Dieses Schmiermittel greift aber die Metalle an und verändert sich dabei chemisch. Die Folge ist ein Festkleben der Gleitflächen. Bei der seitherigen Metallausführung wurde der Reiber von unten her durch eine Schraube in das

---

[1] MENGERINGHAUSEN, M.: Kunst- und Preßstoffe Bd. 2 S. 27. Berlin: VDI-Verlag.

Gehäuse eingezogen, wobei starke mechanische Beanspruchungen beim Einbau auftraten. Für Gehäuse mußte daher Metall als Werkstoff beibehalten werden. Auch zur Herstellung des Vierkants war Preßstoff nicht geeignet, da er einem rauhen Betrieb nicht gewachsen wäre. Es wurde daher eine andere Konstruktion gewählt, bei der das Gehäuse und der Vierkant zwar auch aus Metall bestanden, bei der es aber auf die Art des Metalls nicht mehr ankam. Das Gehäuse ist unten geschlossen. Der Reiber, der etwas steiler ausgeführt wurde als seither, wird von oben mittels Druckring und Stopfbuchsverschraubung eingedrückt. Die Anschlußmaße für Gasleitungen nach DIN 3525 konnten beibehalten werden. Gehäuse und Reiberzapfen bestehen aus Temperguß, während der Reiber selbst aus Preßstoff gefertigt ist. Seine Wandungen sind recht dünn gehalten. Dadurch ist eine gute Aushärtung der Preßmasse neben guter Wirtschaftlichkeit gewährleistet.

Wegen der günstigen Gleiteigenschaften des Preßstoffs erübrigte sich die Anwendung eines Schmiermittels. Versuche zeigten, daß der Hahn praktisch gasdicht schloß. Auch die Abnutzung war denkbar gering. Es konnten 10000 Bewegungen ohne jede Schmierung durchgeführt werden, ohne daß ein Festfressen eingetreten wäre.

Ein großes Anwendungsgebiet für Preßstoffe ist der Pumpenbau. Preßteile, von denen große Genauigkeit gewünscht wird, werden am besten aus den Typen 11, 12 und M hergestellt. Für Stücke, die keine große mechanische Einwirkung auszuhalten haben, genügen die Typen 11 und 12, während sich der schlagfeste Typ M bei der gleichen Maßhaltigkeit für hochbeanspruchte Maschinenteile eignet. Bei einer Schleuderpumpe wurden der Pumpenkörper, der Ständer, der Deckel und der mit Speichen versehene Läufer aus Preßstoff gefertigt[1].

b) Beanspruchung durch Chemikalien.

Für chemische Beanspruchung kommen in erster Linie die anorganisch gefüllten Typen 11, 12 und M in Betracht. So kann z. B. die am Schluß des vorigen Abschnitts beschriebene Pumpe auch für schwache Säuren oder sonstige aggressive Flüssigkeiten Verwendung finden. Als Werkstoff für besonders starke chemische Einwirkung, wie sie z. B. konzentrierte Salzsäure, Schwefelsäure, Salpetersäure usw. zeigen, ist füllstofffreies Harz am besten. Wenn auch Füllstoffe gewählt werden, die weitgehend chemisch neutral sind, so zeigen sie doch im allgemeinen eine stärkere Flüssigkeitsaufnahme als das Harz selbst und rufen eine stärkere Quellung hervor.

Reines Harz wird als Gießharz in Form von Blöcken und Rundstangen geliefert. Seine mechanischen Eigenschaften sind ganz beachtlich

---

[1] Z. Kunststoffe Bd. 30 (1940) S. 47.

und übertreffen die vieler Preßstofftypen bedeutend. Zahlentafel 12 gibt einen kurzen Überblick über die wichtigsten Kenngrößen.

Zahlentafel 12. Eigenschaften von Gießharz.

Biegefestigkeit . . . . 1400 kg/cm²
Schlagbiegefestigkeit . . . .   23 cmkg/cm²
Kerbzähigkeit . . . .   1,8 cmkg/cm²
Zugfestigkeit . . . .   980 kg/cm²
Gewichtsabnahme bei Lagerung während 4 Wochen in
Wasserdampf von 100° 0,95%
konz. Flußsäure von 50° 0,5%
80proz. Schwefelsäure von 50° 0,5%

Die Bearbeitung erfolgt, ähnlich wie bei Preßstoff, am besten mit Hartmetallwerkzeugen. Auch hier sind große Schnittgeschwindigkeiten bei kleinem Vorschub vorteilhaft. Das Verkleben einzelner Stücke mit einer Spezialpaste, die die gleiche Festigkeit wie der Werkstoff selbst aufweist, ist möglich.

Die Anwendung erstreckt sich hauptsächlich auf Maschinenteile, für die seither Rotguß, Messing und Hartgummi Verwendung fanden. So haben sich Gießharze beispielsweise bei der Herstellung von Gleitlagern bewährt. Die Reibungswerte sind klein und bedingen damit eine so niedrige Wärmeerzeugung, daß die Lagertemperatur trotz der geringen thermischen Leitfähigkeit in tragbaren Grenzen bleibt. Das wichtigste Verwendungsgebiet ist jedoch der chemische Apparatebau, vor allem wegen der außerordentlichen chemischen Widerstandsfähigkeit. Heiße Säuren und Lösungsmittel vermögen keinerlei Einfluß auf diesen Werkstoff auszuüben, auch bei dauernder Einwirkung. Ein Gerät zur fortlaufenden Dichtemessung aggressiver Flüssigkeiten wurde aus einzelnen Blöcken angefertigt und verklebt. Es hat sich sehr gut bewährt und zeigte auch nach langem Betrieb keine Veränderung[1].

Eine Säurepumpe mit Kugelventil aus Spezialrotguß war nach 10 tägigem Betrieb bei 24 stündigem Tageslauf unbrauchbar. Die gleiche Pumpe aus Gießharz erreichte eine Lebensdauer von mehreren Monaten. Dabei war die Abnutzung lediglich auf mechanischen Verschleiß, nicht aber auf chemischen Eingriff zurückzuführen. Das gleiche Verhalten zeigten auch Kolbenpumpen aus diesem Werkstoff.

Hervorzuheben ist die gute Beständigkeit gegen Flußsäure. Gießharz ersetzt deshalb auch Porzellan und Steinzeug. Dabei ist es viel leichter und genauer zu bearbeiten. Durch Polieren läßt sich eine hochglänzende Oberfläche erzielen, die praktisch bestehen bleibt. Als Anwendungen seien genannt: Förderanlagen, Extraktionsapparate, Ventile und Pumpen, auch für Gemische starker Säuren, z. B. von Salpeter- und Schwefelsäure.

---

[1] DREHER, E.: Z. Kunststoffe Bd. 29 (1939) S. 137.

Als Austauschwerkstoff für Hartgummi hat sich Gießharz bewährt bei der Fertigung von Walzen, Schablonen, Auslaufstutzen, Hahnküken und schließlich Rohrleitungen. Besonders in der Textilindustrie hat es sich als widerstandsfähig gegen die Wirkung von Spinnbädern bei der Zelluloseverarbeitung und Kunstseideherstellung gezeigt.

Dem Angriff schwächer wirkender chemischer Agenzien sind auch Preßstoffe gewachsen, bei vorübergehender Berührung auch der preßtechnisch und wirtschaftlich so günstige Typ S. Entwicklungsdosen aus Preßstoff für photographische Zwecke sind schon lange bekannt. Ebenso auch Schalen für Entwickler und Fixierbad, die aus Preßstoff Typ K alle Farben zulassen. Preßstoffbehälter für einen Spiritus-

Abb. 66. Spritzpistole.

kocher sind in Abb. 63 rechts dargestellt. Sie sind ebenfalls aus Typ S gefertigt und verhalten sich dem Spiritus gegenüber völlig neutral.

Handelt es sich um hochviskose Flüssigkeiten, die in den Preßstoff nicht allzu leicht einzudringen vermögen, so können auch die Typen T und Z Verwendung finden. So ist beispielsweise die in Abb. 66 dargestellte Spritzpistole für Lacke aus dem schlagfesten Typ T2 gefertigt.

Im Haushalt erfreuen sich Teller, Tassen, Becher, Kaffeekannen, Schüsseln, Löffel usw. aus Preßstoff schon seit langer Zeit großer Beliebtheit. Sie sind im allgemeinen aus Typ K gefertigt und gestatten die Anwendung aller erdenklichen Farben. Bei richtiger Verarbeitung des Preßstoffs werden sie auch durch heiße Flüssigkeiten bis etwa 60° nicht angegriffen und behalten ihr schönes Aussehen. Daneben findet man häufig auch Geschirr aus Reinharz. Es ist zwar außerordentlich beständig gegen Feuchtigkeits- und chemische Einflüsse, entspricht aber hinsichtlich seiner mechanischen Festigkeit, insbesondere bei Schlagbeanspruchung, nicht den zu stellenden Forderungen. Schuld hieran

ist die übertriebene Herabsetzung der Wanddicke, die zwar preßtechnisch und wirtschaftlich zu verlangen ist, dem Verwendungszweck
des Gegenstands aber nicht immer gerecht wird. Die richtige Konstruktion, die die Hersteller und Verbraucher in gleicher Weise befriedigt, ist nicht immer leicht zu finden und erfordert viel Verständnis
für den Preßvorgang einerseits und für die in mechanischer Hinsicht
zu stellenden Bedingungen andererseits. Schlecht ausgehärtete Teeeier, die ein so empfindliches Getränk wie Tee geschmacklich beeinflussen
können, sind geeignet, dem Verbraucher die Verwendung von Preßstoffen zu verleiten, auch auf Gebieten, auf denen ein Mißerfolg bei
einigermaßen sorgfältiger Fertigung nicht zu erwarten ist.

D. Anwendungen in einzelnen Industriezweigen.

1. Kraftfahrzeug- und Flugzeugbau.

a) Besondere Werkstoffeigenschaften.

Ein großes Anwendungsgebiet der Kunstharzpreßstoffe ist der
Kraftfahrzeug- und Flugzeugbau. Die Vorteile des Einsatzes dieser
Werkstoffe liegen auf der Hand. Die große Genauigkeit der Herstellung
bedingt billige Montage und leichte Auswechselbarkeit. Während die
Unempfindlichkeit gegen Wasser, Öl und Kraftstoff die Überlegenheit
gegenüber metallischen Stoffen kennzeichnet, so ist daneben die harte
Preßhaut fast ebenso unempfindlich gegen Zerkratzen wie eine Metalloberfläche. Auch bedarf sie keiner Behandlung durch Lackieren. Daneben spielen die schlechte Wärmeleitung und die gute Schalldämpfung
eine Rolle. Noch bedeutsamer als alle diese Eigenschaften ist die geringe
Wichte, die bei Fahrzeugen und in ganz besonderem Maße bei Flugzeugen ausschlaggebend ist. Teilt man die Wichte eines Baustoffes
durch seine Festigkeit, so erhält man eine Vergleichszahl, die Festigkeitsgewicht genannt wird[1]. Sie stellt das Gewicht dar, das zu Erreichung einer bestimmten Festigkeit aufgewendet werden muß. Zahlentafel 13 gibt eine Zusammenstellung der Festigkeitsgewichte einiger
Metalle und Preßstofftypen. Die Werte zeigen, daß die Preßstoffe recht
günstig neben hochwertigen Metallen dastehen. Sie bilden die Voraussetzung für die Anwendung der Preßstoffe auf diesem Gebiet der Leichtbauweise. Daneben sind auch die Steifigkeit und die Scherfestigkeit
der geschichteten Preßstoffe, die W. Küch eingehend untersucht hat,
von großer Bedeutung[2]. Ebenso wichtig ist, besonders im Flugzeugbau,
die Verleimbarkeit von Schichtstoffen. Geschichtete Preßstoffe haben
den nichtgeschichteten gegenüber den Nachteil, daß sie nicht in beliebiger Gestalt hergestellt werden können, sondern daß sich ihre

---

[1] Ostwald, Wa.: Z. Kunststoffe Bd. 29 (1939) S. 140.
[2] Küch, W.: Z. Kunststoffe Bd. 28 (1938) S. 202.

Zahlentafel 13. Festigkeitsgewicht einiger Werkstoffe.

Werkstoff	Wichte g/cm³	Zugfestigkeit kg/cm²	Zugfestigkeits- gewicht · 10³
Elektron-Spritzguß	1,8	2000	0,90
Aluminium, rein	2,7	900	3,00
Duralumin, vergütet	2,8	4600	0,61
Zink-Spritzguß	6,8	3500	1,94
Messing, Tiefziehblech	7,8	3000	2,87
Eisen, weich, gewalzt	7,8	2500	3,12
Leg. Stahl, vergütet	7,8	10000	0,78
Hartpapier	1,4	1200	1,17
Hartgewebe, fein	1,4	800	1,75
Hartgewebe, grob	1,4	500	2,80
Preßstoff Typ T 3	1,4	500	2,80
Preßstoff Typ Z 3	1,4	800	1,75
Preßstoff Typ T 2	1,4	250	5,60
Preßstoff Typ Z 2	1,4	250	5,60

Formgebung auf Platten, Rohre, Stäbe und Profilstücke beschränkt. Bei vielgestaltigen Bauteilen, wie z. B. Flugzeugtragflächen, ist man auf den Zusammenbau aus Platten und Profilen durch Verleimen angewiesen. Das hat allerdings, wirtschaftlich gesehen, den nichtgeschichteten Preßstoffen gegenüber den Vorteil der Ersparnis einer teuren Form. Auch das unterschiedliche Festigkeitsverhalten an einzelnen Stellen, das schwierige Preßstücke zuweilen zeigen, kommt in Wegfall. Versuche an Hartpapier, Hartgewebe und Schichtholz ergaben bei Schäftungsverleimung 1:4 im Mittel Festigkeiten von 140,60 und 220 kg/cm². Nach 100 stündiger Wasserlagerung der Proben gingen die Werte der Verleimungsfestigkeit von Hartpapier und Hartgewebe um nur 8 und 5% zurück, während sie bei Schichtholz um mehr als 50% sanken[1]. Überlappungsverleimungen ergaben bei Hartpapier etwa 50, bei Schichtholz etwa 60 kg/cm². Das Bindemittel war Kaurit mit Kalthärter „rot".

Untersuchungen von Flugzeugholmen auf Knickfestigkeit ergaben eine Überlegenheit des Schichtholzes, da sich das Hartpapier infolge seiner geringen Steifigkeit zu stark verformte und damit den Bruch erleichterte. Schalen aus Schichtholz konnten nur schlecht hergestellt werden, da die Profile in der Querrichtung nur geringe Festigkeit aufwiesen. Die Erscheinung ließ sich aber durch Verwendung von Verbundstoffen, die sich aus dünnen Buchenholzfurnieren mit Gewebezwischenlagen zusammensetzten, beheben. Das Beispiel mag zeigen, daß auch hier die richtige Anwendung von Preßstoffen zum Erfolg führt. Bei Beanspruchung verleimter Profile hielt die Verleimung fast stets stand, so daß die Aussicht besteht, daß die Tragkraft von

---

[1] Küch, W.: Z. Kunststoffe Bd. 28 (1938) S. 262.

Preßstoffschalen den mit Leichtmetallen erreichten Werten angeglichen werden kann.

b) Anwendungsbeispiele.

Wohl die wichtigste Anwendung von Kunstharzpreßstoffen im Kraftwagenbau dürfte, wegen des großen Bedarfs an Preßmasse, die Preßstoffkarosserie sein. Sie kann aus Heck- und Stirnstück, zwei hinteren Seitenteilen und zwei Türen bestehen. Während Türen bereits aus Preßstoff gefertigt wurden, ist die Entwicklung ganzer Karosserien noch nicht beendet. Die Vorteile bestehen in der leichten Montage, dem geringen Gewicht, der schönen, festen Oberfläche und der leichten Gestaltung geschmackvoller Formen sowie der Möglichkeit der Anwendung beliebiger Farben. Aber auch die Geräuschminderung dürfte

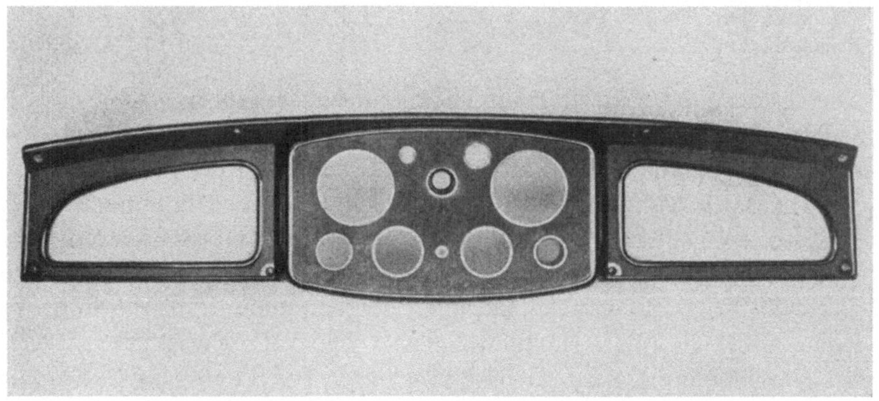

Abb. 67. Instrumententafel aus Preßstoff für Kraftwagen.

als recht angenehm empfunden werden. Ein Punkt, der jedoch nicht übersehen werden darf, ist der, daß Preßstoffe sich nicht verbiegen, sondern bei Überbeanspruchung brechen. Bei unvorhergesehener starker Belastung, etwa bei Zusammenstößen, können Blechkarosserien durch Biegen wieder in Ordnung gebracht werden, während bei Preßstoff das Auswechseln eines teuren Preßteils notwendig wird. Die Entwicklung wird zeigen, ob sich Preßstoffkarosserien praktisch bewähren werden.

Schon seit Jahren haben Instrumentenbretter aus Preßstoff vom Typ S ihre Eignung bewiesen. Sie lassen sich in viel geschmackvolleren Formen fertigen, als dies bei Verwendung von Blech oder Holz möglich ist. Die reiche Farbenauswahl gestattet eine Anpassung an die Innenausstattung des Wagens. Abb. 67 gibt eine Instrumententafel wieder. Das Hauptfeld in der Mitte dient zur Aufnahme der Anzeigegeräte und Schaltknöpfe, während die Seitenfelder Aussparungen für Fächer aufweisen, die beispielsweise zur Aufnahme von Handschuhen, Karten usw. dienen können. Gute Verrippung auf der Rückseite gewährleistet eine hinreichende Festigkeit des die ganze Wagenbreite ausfüllenden Bretts. Das Gewicht beträgt bei einem Meter Länge nur 1 kg.

Als weiteres größeres Preßteil, das im Kraftwagenbau verwendet wird, sei ein Zylinderkopfdeckel erwähnt. Er ist in Abb. 68 und 69 dargestellt. Der Werkstoff ist Preßstoff vom Typ T2. Die große Schlagbiegefestigkeit dieses Typs ergibt die notwendige Widerstandsfähigkeit gegen die Erschütterungen, denen dieses Teil ausgesetzt ist.

Abb. 68. Zylinderkopfdeckel aus Preßstoff, Oberseite. Kühlerverschraubungen. Aschenbecher.

Abb. 69. Zylinderkopfdeckel aus Preßstoff, Unterseite.

Weiterhin sind noch eine große Menge kleinerer Stücke zu nennen wie Schaltknöpfe, Bedienungsgriffe für die Windschutzscheibeneinstellung, Beleuchtungskörper, Aschenbecher usw., die zahlreiche Möglichkeiten einer geschmackvollen Innenausstattung zulassen. Die Rückwand der Vordersitze kann mit einem kleinen Klapptisch versehen werden. Er dient nicht nur der Bequemlichkeit, sondern spart auch Bespannungsstoff ein.

Besonders bei der elektrischen Einrichtung der Kraftfahrzeuge werden Preßstoffe in großem Umfange angewandt. Das erklärt sich aus dem guten Verhalten dieser Werkstoffe als Isolierstoff. Neben Schaltern und Zündspulschutzkörpern sind Sicherungskästen zu nennen, deren Deckel die Bezeichnungen der einzelnen Sicherungen eingepreßt enthalten.

Im Tachometer werden Gehäuseober- und -unterteil und die Zähler-
vorrichtung aus Preßstoff gefertigt. Die Zahlenräder bestehen meist
aus schwarzem Preßstoff. Die Zahlen sind weiß ausgelegt. Die Herstellung von Kühlerschrauben aus Preßstoff (Abb. 68) ist ebenfalls
üblich.

Ebenso wie bei den Eisenbahnen können auch beim Kraftfahrzeug
die Fensterrahmen aus Preßstoff gefertigt werden. Aus der Vielzahl
der Preßteile sei noch vor allem eine Benzinförderpumpe erwähnt, bei
der die so lästige Dampfblasenstörung, die bei Metallpumpen aufzu-
treten pflegt, durch die geringe thermische Leitfähigkeit des Preßstoffs
behoben wird.

Als Beispiel für die Richtung, die die Entwicklung einschlägt, soll
noch ein Kraftradrahmen aus Preßstoff beschrieben werden, der der
Auto-Uniom geschützt wurde[1]. Er ist aus Preßstoff der Typen T 3 und Z 3
gefertigt und weist bei gleicher Festigkeit ein geringeres Gewicht als
ein Stahlrahmen auf. Seine drei Hauptbestandteile sind Hauptrahmen,
Schwingrahmen und Vorderrahmen. Die Teile sind durch Distanzrohre,
Bolzen und Nieten miteinander befestigt. Der Schwingrahmen nimmt
das Hinterrad auf. Der Vorderradrahmen enthält Tachometergehäuse,
Scheinwerfer und Nummernschild in einem einzigen Preßstück. Der
Sattel sitzt senkrecht über dem Drehpunkt zwischen Haupt- und
Schwingrahmen. Alle Armaturen sind weitgehend in die Rahmen ein-
bezogen. Im hinteren Rahmen sind zwei Gepäcktaschen vorgesehen.
Natürlich ist auch der Tank aus Preßstoff gefertigt. Überall ist der
Kastenform der Vorzug gegeben. Das Unterteil, das den Motor trägt,
enthält Metalleinlagen.

Zur Montage, beispielsweise von Blechteilen, werden an Stelle harter
Stahlhämmer solche aus Gummi verwendet. Sie beschädigen das Werkstück zwar nicht, sind aber andererseits wieder so nachgiebig, daß
ein sehr häufiges Schlagen notwendig wird. Eine Zwischenstellung
nehmen Hämmer aus Preßstoff ein. Sie geben infolge des kleinen
Elastizitätsmoduls leichter nach als Stahl, sind dafür aber doch wieder
so formbeständig, daß der Schlag auch die nötige Wirkung hat. Der
Hammer wird aus Typ Z 2 gefertigt und trägt den üblichen Holzstiel.
Er ist nicht allzu schwer, so daß eine Ermüdung bei der Arbeit nicht
zu schnell eintritt. Seine Festigkeit ist so groß, daß er auch nach jahrelangem Gebrauch noch verwendungsfähig ist. Sollte die Schlagfläche
durch Abnutzung uneben werden, so kann sie leicht nachgearbeitet
werden.

Auch im Flugzeugbau ist die systematische Darstellung des Preß-
stoffeinsatzes nicht leicht, da er sich zunächst noch auf viele kleine
Einzelteile beschränkt. Vor allem sind es Instrumentengehäuse und

[1] CHRISTOPHE, CH.: Motorrad Bd. 19 (1939) S. 527.

Bedienungshebel, die neben Teilen der elektrischen Ausrüstung die wichtigste Verwendung darstellen. Tragende Bauteile, wie Holme usw., sind noch nicht hinreichend entwickelt. Es liegt aber durchaus im Bereich der Möglichkeit, auch größere Teile des Rumpfes oder der Flügel in großen Preßformen herzustellen. Damit würde sich die Fertigungsgeschwindigkeit außerordentlich steigern lassen. Für Zwecke der Landesverteidigung wäre dies neben verbesserter Wirtschaftlichkeit von ausschlaggebender Bedeutung.

2. Textilindustrie.

Auch in der Textilindustrie finden Preßstoffe zahlreiche Anwendungen. Ihre Hauptvorteile bestehen vor allem in der Korrosionsfestigkeit und der geringen Leitfähigkeit für Wärme und Elektrizität. Besonders ihre glatte Oberfläche macht sich bei vielen Arbeitsgängen vorteilhaft bemerkbar. So wurde z. B. auf dem Gebiet der Spulerei eine Garnwinde geschaffen, die sich zum Spulen von Seide, Kunstseide, Zellwolle, Flore, Wolle und feiner Baumwolle gut eignet[1]. Der Windenkern ist aus Preßstoff gefertigt, während die Garnarme aus Federstahl bestehen. Die Oberfläche ist vollkommen glatt, so daß die Garne durch hervorstehende Teile wie Schrauben, Nieten oder ähnliches nicht verletzt werden können. Ein Hängenbleiben des Garnes, wie es bei älteren Winden aus Holz häufig auftrat, ist nicht möglich. Auch wird in schwierigen Fällen ein Beschmutzen der Hände und des Materials vermieden. Das an den Garnträgern befindliche elastische Band gewährleistet ein glattes Ablaufen der Strähne bis zum Schluß. Der Garnabfall konnte dadurch nahezu beseitigt werden. Die Garnwinde erfüllt also alle Anforderungen, die man an eine Winde für feine Garne stellen muß.

Bei Garnvorbereitungsmaschinen in Webereien, die Schlitztrommelkreuzspulmaschinen genannt werden, wurden seither die Schlitztrommeln aus Blech oder Gußeisen gefertigt. Die Mantelfläche mußte vernickelt werden, um das Garn zu schonen und Rostbildung zu verhindern. Die Anwendung von Preßstoffen für diese Trommeln ergab nicht nur eine gleiche Bewährung, sondern zeigte auch noch eine Reihe von Vorteilen, die den Metalltrommeln nicht zu eigen waren. Infolge der Verminderung der Schwungmassen wurde ein ruhigerer Gang der Kreuzspulmaschinen erreicht. Gleichzeitig damit nahmen die Lagerbelastung und der Kraftverbrauch ab. Die Oberfläche der Preßstoffe war glatt und nicht porig, so daß dadurch die Garne mehr geschont wurden. Die Wahl einer geeigneten Farbe, z. B. mattbraun, gestattete den Arbeiterinnen ein leichteres Beobachten des Fadens. Die glatte Oberfläche im Innern verhinderte ein Ansammeln von Staub, was bei

---

[1] BEHA, W.: Z. Kunststoffe Bd. 29 (1939) S. 91.

den seitherigen Metalltrommeln nicht zu vermeiden war. Als Folge davon riß der durchlaufende Faden von Zeit zu Zeit von dieser Staubablagerung größere oder kleinere Flocken mit sich, wodurch Störungen bei der Weiterverarbeitung der Garne entstanden.

Durch ihre glatte und korrosionsfeste Oberfläche sowie ihre Unempfindlichkeit gegen Feuchtigkeit, Temperaturwechsel und viele Chemikalien haben sich die Preßstoffe als geeignete Werkstoffe für die Herstellung von Spulen aller Art, wie sie in der Textilindustrie Verwendung finden, erwiesen. Sie neigen nicht zum Splittern wie die Holzspulen und beschädigen die Garne nicht. Zu ihrer raschen Verbreitung trug vor allem die vermehrte Verarbeitung von einheimischen

Abb. 70. Preßstoffteile für die Textilindustrie.

Textilfasern bei, die am besten verstrickt oder verwebt werden können, wenn dabei der Grundsatz der schonenden Behandlung aufrechterhalten wird. Ferner besteht noch die Möglichkeit, die Spulen in allen Farben herzustellen. Die Anwendung entsprechender Farben für stets die gleichen Garne erleichtert die Unterscheidung der letzteren im Betrieb sehr.

Fadenbremsrollen und Kreuzlegerollen werden ebenfalls aus Preßstoff gefertigt. Sie besitzen die gleichen Vorzüge wie die beschriebenen Spulen. Darüber hinaus haben die Kreuzlegerollen den Vorteil des geringen Gewichtes und der genau rund herzustellenden Laufflächen, was einen leichten Lauf und eine gute Fadenkreuzlegung bewirkt, während bei den Fadenkreuzrollen die gute Verschleißfestigkeit der Preßstoffe wichtig ist. Rillen, durch die die Spulen verunstaltet werden und durch die die Arbeit erschwert wird, bilden sich in Preßstoff nicht in nennenswertem Maße.

Schließlich seien neben Preßstofflagern und -zahnrädern, die natürlich auch in der Textilindustrie Anwendung und starke Verbreitung

gefunden haben, noch erwähnt: Beizkörbe und Beizwannen, Detachier-
bretter, Spulenhalter, Spinntöpfe, Webschiffchen, Webschützen, Web-
stuhltreiber und Zwirndeckel. Abb. 70 gibt einige Teile, wie sie aus
Preßstoff für die Textilindustrie gefertigt wurden, wieder. Auch für
die Streckrahmen zum Spannen der Tuche werden neuerdings Preßstoffe verwendet, und zwar Schichtstoffe. Sie haben dem seither benutzten Ahornholz gegenüber den Vorteil, daß sie den Feuchtigkeits-
und Wärmeeinflüssen gut widerstehen und sich nicht werfen. Die früher
notwendige dauernde Überwachung und Ausbesserung fällt jetzt weg.
Wirtschaftlich gesehen bietet sich damit der Vorteil einer großen Ersparnis von Zeit und Kosten. Schließlich seien noch Siebe und Roste
erwähnt, die aus einzelnen gepreßten Ösengliedern zusammengesetzt
werden[1]. Sie sind überall da am Platze, wo gute Beständigkeit gegen
Feuchtigkeit und Chemikalien gefordert wird.

3. Apparatebau.

Für den Einsatz der Kunstharzpreßstoffe im Apparatebau waren in
erster Linie das gute Aussehen, die Korrosionsfestigkeit und die geringe
Wichte maßgebend. Diese Eigenschaften wirken auf den Käufer bestechend und sind deshalb in besonderem Maße als umsatzsteigernd
anzusprechen. Für den Hersteller bietet sich aber auch noch der große
Vorteil der billigen Massenanfertigung bei beliebiger geschmackvoller
Formgebung. Wichtig ist es natürlich, die eingangs zusammengestellten
Gestaltungsregeln genau zu beachten. Häufig ist die Beanspruchung,
der Apparate ausgesetzt sind, die von Hand bedient werden, rechnerisch
nicht zu erfassen. Der Konstrukteur muß in diesem Falle über große
Erfahrung verfügen und bei der Abschätzung der notwendigen Querschnitte gefühlsmäßig vorgehen. Ebenso ist es auch notwendig, den
Verbraucher von Preßstoff und vor allem den Benutzer der Geräte
an den Umgang mit Preßstoffen zu gewöhnen.

a) Büromaschinen.

Hier sind es hauptsächlich Gehäuse aller Art, die aus Preßstoff
gefertigt werden. Zu nennen sind Rechen- und Schreibmaschinen, für
die sich der Typ S in erster Linie bewährt hat. Ein Gehäuseteil für
eine Schreibmaschine zeigt Abb. 71, davor eine Zwischenraumtaste.
Das Stück ist sehr elastisch und genügt den praktischen Ansprüchen
vollkommen. Dabei ist es leicht zu reinigen und behält auch bei starker
Benutzung seine schöne Oberfläche bei. Für die Herstellung kleinerer
Teile wie Bücherstützen, Federkästen, Löscher, Stempelkissenbehälter,
Kalender usw. gibt es eine ungeheure Fülle von Möglichkeiten. Hierbei
spielen geschmackvolle Gestaltung und geschickte Farbenauswahl eine

---

[1] Hersteller: Louis Herrmann, Dresden.

größere Rolle als festigkeitsmäßige Überlegungen. Dabei dürfen jedoch niemals — und das muß immer wieder betont werden — die Grenzen der preßtechnischen Möglichkeiten überschritten werden.

Abb. 71. Schreibmaschinenteile aus Preßstoff.

b) Haushaltmaschinen.

Sie gehören zu den Geräten, die mechanisch sehr stark beansprucht werden. Dabei kommen sie fast stets mit Feuchtigkeit in Berührung. Die Korrosionsfestigkeit der Preßstoffe und ihre Anwendung in allen beliebigen Farben, besonders beim Typ K, bietet hier große Vorteile. Ihre Festigkeit ist jedoch nicht so groß, daß eine sehr sorgfältige Berechnung oder auch Abschätzung von Form und Größe der beanspruchten Querschnitte nicht notwendig wäre. Das zeigt eine Brotschneidemaschine. Das Gehäuse hat beim raschen Schneiden harten Brotes eine Verwindung auszuhalten, die im Laufe der Zeit zu Sprüngen und damit zur Zerstörung des Preßstücks führen kann. Es ist deshalb recht kräftig gehalten und auf der Innenseite gut verrippt. Die Einstellplatte für die Scheibendicke ist aus dem gleichen Werkstoff gefertigt. Die Typen S und K haben sich in gleicher Weise bewährt. Die Übertragung des Drehmoments erfolgt durch Zahnräder. Sie bestehen ebenfalls aus Preßstoff, und zwar aus Typ Z2. Die Festigkeit der Räder konnte dadurch erhöht werden, daß seitlich zwischen den Zähnen eine etwa 1 mm dicke Schicht stehen gelassen wurde. Die Zähne sind in ihrer ganzen Länge gestützt, so daß die Bruchgefahr für den Zahnfußquerschnitt verringert wird. Drehmomente von über 250 cmkg ließen sich bei der Prüfung der Maschine an der das Messer tragenden Achse erzielen, ohne daß die Räder die geringste Beschädigung aufwiesen. Durch ihre elegante Form und die hübschen Farben wirkt die Maschine viel ansprechender als die alte Gußeisenausführung.

Bei einer Universalhaushaltmaschine, die zum Reiben, Schneiden, Quetschen und Mahlen verwendet werden kann, besteht das Gehäuse ebenfalls aus Preßstoff[1]. Es ist gut verrippt und hat dadurch eine

---

[1] Z. Kunststoffe Bd. 28 (1938) S. 214.

gute Steifigkeit. Die Welle, die ebenfalls in Preßstoff gelagert ist, nimmt die Schneidscheiben auf. Eine dient zum Schneiden von Scheiben, die zweite schnitzelt und die dritte reibt fein. Auch für die Kurbel wurde Preßstoff verwendet. Sie hat einen U-förmigen Querschnitt mit großem Widerstandsmoment bei verhältnismäßig kleiner Fläche. Diese Formgebung ist wegen der gleichmäßigen, geringen Wanddicke werkstoffgerecht. Auch ist der Preßgrat aus Gründen der Wirtschaftlichkeit in der Fertigung und gleichzeitig der Schönheit besonders betont.

Eine besondere Schwierigkeit bietet die Befestigung einer solchen Maschine auf dem Tisch. Die Art der Ausführung, wie sie bei Gußeisen üblich ist, ist infolge der zu geringen Biegefestigkeit in Preßstoff nicht möglich. Die Aufgabe wurde so gelöst, daß ein Gummisaugnapf unten an der Maschine angebracht wurde. Die Standfestigkeit ist auf angefeuchtetem Linoleum ausreichend und dauerhaft, auf Holz jedoch nicht befriedigend.

Die Vorteile der Preßstoffanwendung bestehen vornehmlich in geringem Gewicht und Rostfreiheit. Auch das seither bekannte lästige Abspringen von Emaille ist ausgeschlossen. Die Hausfrau muß diese Vorteile jedoch mit besonders schonender Behandlung des Preßstoffs erkaufen. Sie muß sich an diesen neuen Werkstoff ebenso gewöhnen wie seinerzeit an die Aluminiumtöpfe, denen, anderen Metallen gegenüber, neben vielen Vorteilen doch auch gewisse Nachteile anhaften, die aber heute aus keiner Küche mehr wegzudenken sind.

c) Optische Industrie.

Zahlreiche Anwendungsmöglichkeiten für Preßstoffe bietet die optische Industrie. Hier sind es wieder in der Hauptsache Gehäuse, die als größere Preßstücke zu nennen sind. Preßstoffkameragehäuse sind schon lange bekannt. Abb. 72 gibt links eine ältere Ausführung wieder, rechts eine neuere. In der Mitte ist das Innere des neueren Gehäuses zu sehen. Es zeigt die Vorteile der Preßstoffgestaltung besonders deutlich, wenn man bedenkt, welche Mühe und Kosten die Ausarbeitung so vieler Vorsprünge bzw. die Herstellung entsprechender Einzelteile machen würde. So ist aber diese Arbeit nur einmalig, nämlich bei der Herstellung der Form. Die Festigkeit des Typ S reicht völlig aus, zumal eine Kamera an sich schon ein empfindliches Gerät ist, das entsprechend schonender Behandlung bedarf. Auch bei Kinoapparaten, Vergrößerungsapparaten und Episkopen wurden schon Preßstoffe als Gehäusewerkstoff erfolgreich zum Einsatz gebracht. Neben Feldstechertaschen, die aus Typ Z2 eine große Festigkeit aufweisen und infolge ihrer Steifigkeit das Glas besser zu schützen vermögen als Lederfutterale, wäre noch eine ganze Menge kleinerer Teile zu erwähnen,

die bereits fast ausschließlich aus Preßstoff gefertigt werden, z. B.
Linsenfassungen. Hier ist die große Herstellungsgenauigkeit trotz
Massenfertigung besonders ausschlaggebend. Mikroskopstative aus
Preßstoff haben neben einer ganzen Reihe von Vorzügen wie schöne,

Abb. 72. Kameras aus Preßstoff.

glatte Oberfläche usw. den Nachteil, daß sie recht leicht sind, wodurch
die Gefahr des Umkippens für das Gerät besteht. Es hat sich deshalb
als notwendig erwiesen, den Fuß durch eine Metalleinlage zu beschweren.

d) Feingeräte.

Der Feingerätebau hat sich ebenfalls seit längerer Zeit der Preßstoffe als Werkstoff bedient. Die Fülle der Einzelteile von Instrumenten

Abb. 73. Kompasse aus Preßstoff.

aufzuzählen, die aus Preßstoff gefertigt werden, ist ebenso schwierig
wie ihre systematische Einteilung. Es können deshalb nur wenige
Beispiele herausgegriffen werden. Die Gehäuse stehen naturgemäß
wieder an erster Stelle. Für sie gelten im allgemeinen die Gestaltungsregeln, die bereits oben behandelt wurden. Zuweilen ist daneben auch

die Wahl der Farbe von Bedeutung. Ein Thermometer, das sich in einem schwarzen Preßstoffgehäuse befand, zeigte eine viel zu hohe Temperatur an, sobald das Gehäuse der Strahlung ausgesetzt wurde. Bei Verwendung einer hellfarbigen Masse trat dieser Übelstand nicht ein.

Abb. 73 gibt 2 Kompasse wieder, die ganz aus Preßstoff gefertigt sind. Sie haben ein geringes Gewicht und eine glatte, korrosionsfeste Oberfläche. Die Bezeichnungen sind vertieft eingepreßt und mit Farbe ausgelegt.

An Uhren wurden außer Gehäusen auch Zeiger, Zifferblätter und Ziffern hergestellt. Für kleinere Uhren lassen sich hierzu Unterdruckschriftschilder, die weiter unten besprochen werden, verwenden. Kleine Lager und Zahnräder finden im Feingerätebau ebenfalls Anwendung.

e) Elektrotechnik.

Die Elektrotechnik war ursprünglich das einzige Anwendungsgebiet der Preßstoffe, die wegen ihrer guten elektrischen Eigenschaften einen ausgezeichneten Isolierstoff darstellen. Es nimmt daher nicht wunder, wenn gerade dieses Gebiet eine ungeheure Fülle von Anwendungen zeigt.

Der Konstrukteur hat beim Entwurf elektrotechnischer Geräte die Werkstoffauswahl ganz besonders zu beachten. Für mechanisch hochbeanspruchte Teile, z. B. Gehäuse, wird er sich für die schlagfesten Typen T2 und Z2 entscheiden. Bei starker thermischer Beanspruchung ist er manchmal gezwungen, auf die große mechanische Festigkeit der Preßstoffe zu verzichten und sich keramischer Isolierstoffe zu bedienen, insbesondere für solche Geräte, die eine gewisse Lichtbogensicherheit verlangen. Ebenso liegen die Verhältnisse hinsichtlich der Werkstoffwahl für Feuchtraum- oder solche Geräte, bei denen Kriechströme auftreten können. Den Vorteilen der größeren mechanischen Festigkeit der Preßstoffe, der Möglichkeit der Anwendung von Verbundstoffen, dem geringen Gewicht, der glatten Oberfläche und der besseren Lehrenhaltigkeit und Formbarkeit stehen die absolute Wasserfestigkeit und Unbrennbarkeit der keramischen Isolierstoffe gegenüber. Der Konstrukteur muß daher in jedem Einzelfall gewissenhaft prüfen, welcher der zur Verfügung stehenden Werkstoffe technisch und wirtschaftlich zu bevorzugen ist.

An Beispielen im elektrotechnischen Apparatebau seien nur erwähnt das Fernsprechgerät der Reichspost und der Feldfernsprecher der Wehrmacht, der in der Abb. 74 dargestellt ist. Die Teile des ersteren sind in Abb. 62 zu sehen. Bei dem Feldfernsprecher ist der Kasten besonders bemerkenswert. Er ist aus Preßstoff Typ T2 hergestellt und weist eine ganz hervorragende mechanische Festigkeit auf. Er genügt somit den praktischen Anforderungen, die außerordentlich hoch sind, vollkommen. Dabei ist er gegen Feuchtigkeitseinflüsse unempfindlich, sofern sie sich auf das im Gebrauch auftretende Maß beschränken, d. h. wenn Benetzungen nur vorübergehend stattfinden.

Abb. 74. Feldfernsprecher.

Im Elektromotorenbau ist neben der Herstellung von Kohlenhaltern die Anwendung der Typen 11 und 12 als Isolierstoff für Kollektoren besonders bemerkenswert. Die hohe Wärmebeständigkeit und Verschleißfestigkeit machen diese Typen hierfür besonders geeignet.

f) Medizinischer und Laboratoriumsbedarf.

Für den Einsatz der Preßstoffe im medizinischen und Laboratoriumsgerätebau waren vor allem ihre Korrosionsfestigkeit und ihre glatte Oberfläche ausschlaggebend. Diese Eigenschaften sind besonders wichtig für Griffe von ärztlichen Instrumenten, Trichter, Waagschalen usw. Natürlich haben diese Werkstoffe, wie auf anderen Gebieten auch, vielfache Anwendung für Gehäuse und andere Apparateteile gefunden. So zeigt Abb. 75 beispielsweise ein Inhaliergerät, das völlig aus Preßstoff besteht. Es ist mechanisch

Abb. 75. Inhaliergerät aus Preßstoff.

hinreichend fest und verhält sich bei vorübergehender Berührung mit Flüssigkeiten völlig neutral. Vorteilhaft ist außerdem sein geringes Gewicht.

Auch bei elektrischen Geräten, die in der Medizin gebraucht werden, sind Preßstoffe in großem Umfange zu finden. Erwähnt seien nur Hochfrequenz- und Röntgengeräte, wo sie als Isolierstoffe sich glänzend bewährt haben.

g) Verschiedenes.

Viele größere Geräte, die zum Teil als Maschinen bezeichnet werden müssen, wurden unter Anwendung von Preßstoffen gefertigt. So konnten z. B. bei einer Zigarrenwickelmaschine für nahezu alle Teile diese Werkstoffe eingesetzt werden. Gerade wegen der Berührung mit feuchten Tabakblättern haben sie sich allen anderen Werkstoffen als überlegen erwiesen. Abb. 76 gibt ein Pedal dieser Maschine wieder, das aus Preßstoff Typ Z2 hergestellt ist. Seine Festigkeit ist völlig ausreichend.

Abb. 76. Preßstoffpedal für eine Zigarrenwickelmaschine.

Große Möglichkeiten für den Einsatz der Preßstoffe stehen auch im Nähmaschinenbau offen[1]. Die Fertigung der Hauptplatte aus Hartpapier dürfte ebensowenig Schwierigkeiten bieten wie die Verwendung des verschleißfesten Hartgewebes, gegebenenfalls auch des Typs T 2, für die Fadenanzugskurbelwalze, um nur einige wichtige Teile zu erwähnen. Die Maschine würde dadurch ganz bedeutend leichter werden.

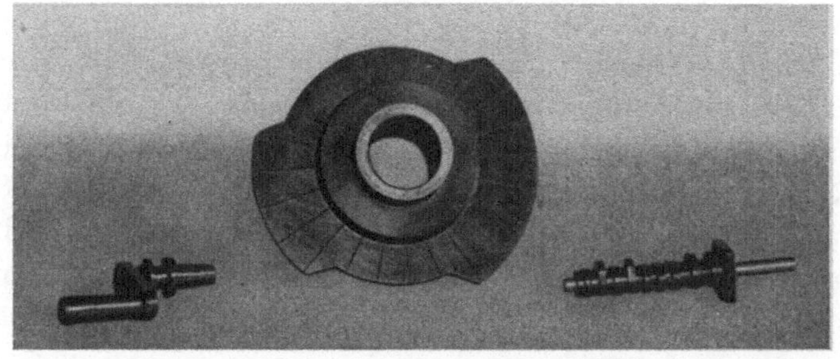

Abb. 77. Mechanisch besonders beanspruchte Preßteile des Apparatebaus.

Mechanisch besonders beanspruchte Teile des Apparatebaus sind in Abb. 77 dargestellt. Es handelt sich um eine Kurbel, eine Kurvenscheibe und eine Nockenwelle. Die beiden letzteren sind dem

---

[1] Schmitz, J.: Kunststoff-Technik Bd. 11 (1941) S. 29.

Verschleiß besonders stark unterworfen. Preßstoff hat sich auch hier, genau so wie bei den Gleitlagern, vorzüglich bewährt.

Zum Schluß sei noch auf die Musikinstrumente hingewiesen. Teile, die den Ton nicht beeinflussen, können mit Vorteil gepreßt werden. Ob dagegen Resonanzböden aus Preßstoff sich eignen werden, sei dahingestellt. Immerhin dürfte es sich lohnen, Versuche anzustellen.

4. Vorrichtungsbau.

a) Eignung der Kunstharzpreßstoffe als Werkstoff für Vorrichtungen.

Als Werkstoff für Vorrichtungen im Maschinenbau haben sich vor allem geschichtete Preßstoffe als geeignet erwiesen[1]. Neben ihrer hohen Biege- und Druckfestigkeit sind es hauptsächlich die gute Schwingungsdämpfung und das günstige elastische Verhalten, die diese Stoffe für den Vorrichtungsbauer so wertvoll machen. Durch die niedrige Wichte werden die Vorrichtungen leicht und handlich. Das bedeutet aber bei Werkzeugen, die in einer Arbeitsschicht oft mehrere tausendmal bewegt werden müssen, eine große Leistungssteigerung. Das wird besonders einleuchtend, wenn man sich vergegenwärtigt, daß Preßstoff nur etwa ein Sechstel so schwer ist wie Stahl oder Bronze. Auch die im Vergleich zu Stahl geringere Oberflächenhärte wirkt sich günstig aus. In allen Fällen, in denen das Werkstück mit der Vorrichtung unmittelbar in Berührung kommt, wird sein Glanz nicht beeinträchtigt. So werden beispielsweise beim Biegen von Spanten mittels Hartgewebewalzen die Fertigteile völlig riefenfrei erhalten. Bei 90° Abkantungen wird das Rückfedern des Bleches durch das weiche Nachgeben des Preßstoffs fast völlig aufgehoben. Als weiterer Vorteil gegenüber Stahl ist die Korrosionsfestigkeit zu erwähnen. Beim Bohren verwendetes Kühlwasser greift die Oberfläche der Lehre in keiner Weise an.

Die leichte Bearbeitbarkeit der geschichteten Preßstoffe gestattet eine schnelle Fertigung von Lehren. Ein weiterer Lohnanteil wird dadurch eingespart, daß sich durch die glatte Oberfläche der Platten oder Rohre eine weitere Oberflächenbehandlung erübrigt. Schließlich liegt auch der Werkstoffpreis für die gesamte Vorrichtung infolge der geringen Wichte niedriger als der des Stahls. Verstärkungen sind nur in seltenen Fällen notwendig, so daß man die für Stahl gebräuchlichen Abmessungen meistens lassen kann.

b) Herstellung von Lehren und Vorrichtungen.

Bei der Bearbeitung von Platten und Rohren sind die in Teil I angegebenen Vorschriften zu beachten. Für die Wahl des Werkstoffs, Hartpapier oder Hartgewebe, sind die Festigkeitseigenschaften

---

[1] Wirth, E.: Z. Kunststoffe Bd. 29 (1939) S. 78.

maßgebend. Zur Herstellung von Grundplatten oder anderen Aufbauteilen genügt das billigere Hartpapier, während Hartgewebe zu wählen ist, wenn der Werkstoff unmittelbar eine Arbeit ausführt. z. B. bei Formstanzen, Umschlagstücken usw.

Abb. 78. Profilstücke aus geschichteten Preßstoffen.

Bohrvorrichtungen aus Hartpapier mit senkrecht zur Schichtrichtung verlaufenden Bohrlöchern lassen sich ohne Lehrenbohrwerk in der gleichen Genauigkeit herstellen wie solche aus Stahl. Stehen die Bohrlöcher jedoch schräg zur Schichtrichtung, dann ist eine Holz- oder Eisenplatte auf der Einlaufseite des Bohrers am Werkstück anzubringen, um ein Verlaufen des Bohrers zu verhindern. Diese Gefahr des Verlaufens ist bei Hartgewebe größer als bei Hartpapier.

Abb. 79. Profilstucke aus geschichteten Preßstoffen.

Ebenso wie Platten lassen sich auch Rohre oder kastenförmige Bauteile verwenden. Für letztere können formgepreßte Profilstücke benutzt werden. Eine Übersicht über die Gestaltungsmöglichkeiten geben die Abb. 78 und 79. Selbstverständlich ist es auch möglich, beliebig geformte Vorrichtungen aus Plattenstücken zusammenzusetzen. Die Verbindung der einzelnen Teile untereinander erfolgt zweckmäßig durch Senkkopfschrauben. Eine zusätzliche Verbindung kann durch Verleimen mit Kunstharzkitten herbeigeführt werden. Zu diesem Zweck müssen die zu verleimenden Flächen vorher aufgerauht werden. Beim Bohren in Schichtrichtung sind Plattenstücke fest einzuspannen, um ein Platzen zu verhindern.

c) Anwendungsbeispiele.

Für Bohrvorrichtungen eignet sich vor allem Hartpapier, da es den mechanischen Beanspruchungen völlig genügt. Der Bohrer erhält jedoch keine gute Führung. Auch würde sich der Preßstoff schnell abnutzen. Es hat sich daher als notwendig erwiesen, Führungsbüchsen aus Stahl

Abb. 80. Bohrlehren aus Hartpapier.

einzusetzen. Das Einsetzen geschieht durch Eindrücken der Büchsen in ein um etwa 0,2 mm im Durchmesser kleineres Loch. Infolge der Elastizität des Hartpapiers ist der Sitz außerordentlich fest. Abb. 80 zeigt einige Bohrlehren. Toleranzen bis 0,05 mm lassen sich mit solchen Vorrichtungen gut einhalten. Bei sehr langen Lehren ist die Wärmeausdehnung zu berücksichtigen. Dabei ist allerdings auch zu bedenken, daß sich das Werkstück ebenfalls entsprechend seinem Wärmeausdehnungskoeffizienten ändert. Die Differenz wird daher nicht bedeutend und kann im allgemeinen vernachlässigt werden. Auch die Quellung, die bei vorübergehender Benetzung eintritt, spielt gar keine Rolle. Dauerndes Liegen im Wasser ist jedoch für eine Vorrichtung schädlich, besonders wenn sie aus Hartpapier gefertigt ist. Eine Wässerung von 24 Stunden kann eine Längenänderung bis zu 0,05 mm je Meter ursprünglicher Länge hervorrufen. Sie geht jedoch nach wenigen Stunden bei Berührung mit der Luft ohne sonstige Veränderung des Werkstoffs wieder zurück.

Abb. 81 gibt eine Vorrichtung zum Bohren zylindrischer Werkstücke wieder. Sie hat bei 420 mm Länge und 180 mm Außenmesser 10 Bohrbüchsen. Ihr Gewicht beträgt rund 3 kg. Der innere Knebel dient als Festklemmvorrichtung. Bei der liegend gezeigten Bohrlehre ist das Werkstück, ein Staubsaugerrohr, sichtbar.

Abb. 81. Bohrlehre zum Bohren zylindrischer Stücke.

Über die Wirtschaftlichkeit einer Hartpapierbohrlehre mit 44 Stahlbohrbüchsen wird berichtet, daß sie ein Gewicht von nur 4,5 kg an Stelle von 27 kg einer Stahllehre hatte[1]. Sie konnte von einer Frau bedient werden, die damit doppelt so viel leistete wie ein Mann bei Verwendung der schweren Stahllehre. Das bedeutet, daß man für die gleiche stündliche Leistung an Stelle der einen Arbeiterin mit der Preßstoffvorrichtung und einer Bohrmaschine zwei Arbeiter mit zwei Stahlbohrvorrichtungen und zwei Bohrmaschinen beschäftigen müßte.

Geschichtete Preßstoffe können ebensogut für Einspannvorrichtungen aller Art verwendet werden, wie z. B. Spannhülsen, Aufsteckdorne usw. Auch bei diesen Teilen sind es vor allem das geringe Gewicht und die günstige Oberflächeneigenschaft, die den Preßstoff dem Metall überlegen machen.

----

[1] GOMMEL, K.: Masch.-Bau Betrieb Bd. 18 (1939) S. 17.

Sägen, Fräs- und Schleifmaschinen benötigen häufig Anschläge oder Führungen. Auch Vorrichtungen zum Aufspannen des Werkstücks sind gebräuchlich. Zur Vermeidung von Schrammen bedient man sich der Preßstoffe mit ihrer weichen Oberfläche mit Vorteil. In Abb. 82 ist eine Profilfräsmaschine für Streifen wiedergegeben. Die Führungen bestehen aus Hartpapier.

Eine weitere Anwendung sind Führungsschnitte sowie Stanz- und Ziehwerkzeuge. Im allgemeinen bestehen bei solchen Werkzeugen die Grundplatten, Unterteile, Stempelköpfe usw. aus Hartpapier, während die eigentlichen Werkzeugelemente, d. h. die Teile, die den Stanzschnitt

Abb. 82. Profilfräsmaschine mit Hartpapierführungen.

bewirken, Armierungen aus Stahlblech sind. Die Verbindung erfolgt durch Verschrauben oder Verstiften. Die Stanzleistungen, die mit solchen Vorrichtungen erreicht werden, sind ganz ausgezeichnet.

Ziehwerkzeuge greifen die Metalloberfläche nicht an, was besonders beim Ziehen von Leichtmetallblechen mit Stahlwerkzeugen nicht selten der Fall war. Auch eine so starke Schmierung der Zieh- und Gleit- flächen, wie sie sonst notwendig war, erübrigt sich. Die Ölersparnis kann mit etwa 80% angesetzt werden. Der Ziehring läßt sich um etwa zwei Fünftel der Blechdicke des zu ziehenden Teils enger halten. Der Preßstoff drückt sich infolge seines kleinen Elastizitätsmoduls ent- sprechend zusammen und preßt hierdurch das Werkstück gut federnd an den Stempel an. Hierdurch lassen sich außerordentlich saubere Ziehteile anfertigen.

Schließlich seien noch zwei Arten von Vorrichtungen erwähnt, bei denen, ähnlich wie bei den Lagern, die hohe Verschleißfestigkeit der geschichteten Preßstoffe den Ausschlag für ihre Verwendung gab. An- reißlehren können vorteilhaft aus Hartpapier gefertigt werden. Ihre Abnutzung ist bei normaler Beanspruchung praktisch bedeutungslos.

Im Austausch gegen Stahl und Messing hat sich Hartgewebe als Werkstoff für Gravierschablonen sehr bewährt.

Diese wenigen Beispiele, die sich noch beliebig vermehren ließen, sollen einen Überblick über die Anwendungsmöglichkeiten von Preßstoffen im Vorrichtungsbau geben. Sie zeigen, daß beim Einsatz der Preßstoffe noch große Möglichkeiten offenstehen, die seine Verwendung nicht nur allein technisch, sondern vor allem auch wirtschaftlich rechtfertigen.

5. Waffenindustrie.

a) Waffenteile.

Schäfte für Gewehre und Griffschalen oder auch massive Griffe für Pistolen und Revolver wurden seither aus Holz, meist Nußbaumholz, gefertigt. Dieses mußte von bester Beschaffenheit und sorgfältig gelagert sein. Die Bearbeitung des Kolbens und das Ausfräsen der Aussparungen für den Lauf und den Verschluß sowie den Durchbruch für den Abzug war langwierig. In der praktischen Verwendung der Waffe zeigte das Holz den Nachteil, daß es Witterungseinflüssen stark unterliegt. Quellungen durch Wasseraufnahme können zu geringen Durchbiegungen des Laufs führen, was sich auf die Treffpunktlage naturgemäß ungünstig auswirkt. Es hat daher nicht an Versuchen gefehlt, diesem Übelstand durch einen Überzug abzuhelfen. Sie haben jedoch nicht zu dem gewünschten Erfolg geführt. Der Gedanke lag daher nahe, als Werkstoff Kunstharzpreßstoffe zu verwenden. Die völlig massive Ausbildung des Kolbens ist allerdings nicht möglich. Neben der preßtechnischen Schwierigkeit, derartig dicke Preßlinge in angemessener Zeit hinreichend und gleichmäßig zu härten, besteht vor allem der Nachteil in der großen Wichte der neuen Werkstoffe. Nicht nur das Waffengewicht würde sich recht beträchtlich vergrößern, auch die Gewichtsverteilung würde insofern ungünstig beeinflußt werden, als die Treffergebnisse bei einem hinterlastigen Gewehr recht nachlassen dürften. Ebenso hätte die Führigkeit zu leiden, die besonders bei Jagdwaffen recht ausschlaggebend ist. Es blieb daher nur die Ausführung eines Hohlkolbens als mögliche Lösung übrig. Kolbenhals und Vorderschaft müssen massiv ausgebildet werden. Als Werkstoff für eine derartige Konstruktion diente kunstharzgetränkter Faserstoff[1]. Er wurde auf einen Kern aufgebracht und in der üblichen Weise in einer Form unter Druck und Hitze verpreßt. Da sich ein Riemenbügel an dem hohlen Kolben schlecht befestigen ließe, wurde eine vom massiven Kolbenhals ausgehende Zunge vorgesehen, die den Kolben an der betreffenden Stelle innen verstärkt. Den Abschluß bildet die nachträglich anzubringende Kolbenkappe, die ebenfalls aus Preßstoff bestehen kann.

---

[1] Z. Kunststoffe Bd. 27 (1937) S. 329.

Rein festigkeitsmäßig gesehen reichen solche Schäfte vollkommen aus. Bedenkt man, daß die Rückstoßgeschwindigkeit des Gewehrs 98 nur etwa 2 m/s beträgt, was einem Fall aus nur 20 cm Höhe entsprechen würde, so erkennt man, wie gering die Schaftbeanspruchung beim Schuß ist. Dabei wird der Aufschlag von der Schulter weich aufgefangen. Es ist daher durchaus möglich, Gewehrschäfte auch aus den weniger festen, dafür aber preßtechnisch viel günstigeren Typen, etwa T2 oder Z2, herzustellen. Ob sie allerdings auch einer rauhen Behandlung, durch die sie viel mehr auszuhalten haben als durch den Schuß, gewachsen sind, muß erst die Erfahrung zeigen.

Selbstverständlich kommen derartige Schäfte nur für sehr große Mengen von Waffen der gleichen Art, also etwa für Heereszwecke, in Betracht. Hier haben sie neben den genannten Werkstoffvorzügen den großen Vorteil, daß ihre Massenherstellung in verhältnismäßig kurzer Zeit durchgeführt werden kann. Wirtschaftliche Gesichtspunkte sind dabei weniger maßgebend.

Abb. 83. Selbstladepistole mit Preßstoffgriffschalen.

Die Schäftungen von Faustfeuerwaffen, also Griffschalen für Revolver und Selbstladepistolen, werden seit langer Zeit aus Preßstoff gefertigt. Abb. 83 zeigt eine Taschenpistole Kal. 7,65 mit abgenommener Griffschale. Firmenzeichen und Fischhaut brauchen nicht nachträglich eingearbeitet zu werden, sondern werden in einem Arbeitsgang bei der Herstellung der Schale eingepreßt. Die schöne Oberfläche bleibt, im Gegensatz zu dem früher viel verwandten Hartgummi, den die Preßstoffe auch an Festigkeit bedeutend übertreffen, erhalten. Öl, Schweiß und Feuchtigkeit haben keinen Einfluß. Als Werkstoff ist Preßstoff vom Typ S für zivile Waffen völlig ausreichend. Lediglich bei Heereswaffen, die einer rauheren Behandlung gewachsen sein müssen, ist dem Typ T2 der Vorzug zu geben. Für Luxuswaffen können auch Schalen aus Preßstoff vom Typ K gefertigt werden. Jedoch dürfte in Europa für Waffen mit hellen, etwa elfenbeinfarbenen Griffen kaum Interesse bestehen. Als Absatzgebiete kommen Südamerika und der Ferne Osten in Betracht, wo helle Griffschalen beliebt sind. Revolver sind dort wegen ihrer größeren Zuverlässigkeit und besseren Geschoßwirkung viel stärker verbreitet als Selbstladepistolen, im Gegensatz etwa zu Deutschland, wo die meisten Zivilwaffen ernstlich nie gebraucht werden. Hier wird die kleinere, elegantere Selbstladepistole vom Käufer vorgezogen.

Ebenso wie bei Schußwaffen haben sich auch bei Stich- und Hiebwaffen die Preßstoffe als Werkstoff für Griffschalen bewährt. Auch in diesem Falle sind die Typen S und T2, für den praktischen Gebrauch sowohl als auch preßtechnisch gesehen, am günstigsten. Weiterhin kommen als Waffenteile, die die Anwendung von Preßstoff zulassen, Abzugsbügel in Betracht. Früher wurden sie häufig aus Horn gefertigt. Hartgummi hat sich wegen seiner geringen Schlagbiegefestigkeit nicht bewährt. Auch nimmt seine Sprödigkeit bei tiefen Temperaturen beträchtlich zu. Für Jagdwaffen ist aber das Anwendungsgebiet von Preßstoffabzugsbügeln beschränkt. Die Erzeugnisse verschiedenerFirmen weisen in der Schäftung oft sehr große Unterschiede auf, so daß Bügel der gleichen Art als Massenfabrikat kaum in Frage kommen dürften. Hieran sind die zahlreichen Sonderwünsche der Kunden schuld. Dagegen könnten Kleinkaliberbüchsen, z. B. die in ihren Abmessungen festgelegte Wehrsportbüchse, mit solchen Bügeln ausgestattet werden. Als Werkstoff würden sich die weitgehend geschichteten Typen T3 und Z3 besonders eignen. Der schöne, dauerhafte Glanz der Oberfläche, die Unempfindlichkeit gegen Feuchtigkeit und chemische Einflüsse und die Gewichtsersparnis sind Gründe, die für eine Anwendung sprechen. Volkswirtschaftlich gesehen ist auch die hierdurch erzielte Ersparnis an Metall nicht unbedeutend.

b) Patronen.

Voraussetzung für die Konstruktion einer Patronenhülse aus Preßstoff ist die genaue Kenntnis der sich beim Schuß abspielenden innerballistischen Vorgänge. Wegen der für Patronenlager notwendigen Toleranz hat die Patrone vor dem Schuß ein gewisses Spiel in radialer Richtung. Aber auch in der Längsrichtung besitzt sie etwas Bewegungsfreiheit. Trifft nun der Schlagbolzen das Zündhütchen, so erfolgt zunächst ein Stoß in Schußrichtung, der die Patrone im Lauf so weit vorantreibt, wie das Spiel es gestattet. Zwischen Patronenboden und Stoßboden des Verschlusses bildet sich also ein Abstand, der bis in die Größenordnung eines Zehntelmillimeters kommen kann. Beim Entstehen des Gasdrucks wird nun die Hülse zunächst radial gedehnt und mit großer Kraft an die Laufwandung gedrückt. Die Ausdehnung der Hülse hängt ab von der genannten Toleranz und der durch Gasdruck und Wanddicke des Laufs bedingten Laufdehnung. Gleichzeitig erfolgt eine Längsdehnung der Hülse, die dem Abstand zwischen Hülsenboden und Stoßboden des Verschlusses entspricht. Dabei ist zu beachten, daß die Beanspruchung nicht langsam, sondern stoßartig eintritt. Die Hülse muß die Dehnung aushalten und gleichzeitig gasdicht nach hinten abschließen. Besonders gefährlich ist die Fuge zwischen dem hinteren Laufende und dem Verschluß. Gasschlupf ist außerordentlich bedenklich und hat schon häufig zu Sprengungen des ganzen Systemkastens geführt. Schwere Verletzungen des Schützen waren die Folge.

Da die Hülse fast bis zu ihrem hinteren Ende an die Laufwandung gedrückt wird, bevor eine Rückwärtsbewegung des Hülsenbodens beginnt, so erstreckt sich die Dehnung nur auf eine kleine Länge. Sie ist infolgedessen so groß, daß bei Metallen wie Messing oder Eisen die Proportionalitätsgrenze überschritten wird. Diese bleibende Längenänderung läßt sich an mehrfach benutzten Hülsen sehr leicht zeigen. Preßstoffe lassen sich jedoch derart stark nicht dehnen und kommen daher an den Stellen der Hülse, die auf Zug beansprucht werden, nur dann in Betracht, wenn die Toleranzen für Hülse und Patronenlager sehr klein sind. Ihre Anwendung als Werkstoff für den Hülsenboden ist jedoch durchaus möglich. Dieser wird nur auf Druck beansprucht. Für großkalibrige Büchsenpatronen reicht die Festigkeit gerade noch aus, während die Anwendung bei Schrotpatronen schon eine recht große Sicherheit einzurechnen erlaubt. So beträgt z. B. beim Flintenkaliber 12 die Fläche des Patronenbodens 2,8 cm². Der Höchstdruck erreicht rund 500 kg/cm², so daß die Druckbelastung nur etwa 180 kg/cm² ausmacht. Das bedeutet, daß bei Verwendung von Preßstoff mit etwa 8facher Sicherheit gerechnet werden kann.

Als Werkstoff für die eigentliche Hülse dürfte bei Schrotpatronen die schon immer verwendete Papphülse am besten geeignet sein. Sie ist elastisch genug, um die radiale Dehnung aufzunehmen. Ein weiterer Vorteil besteht darin, daß der vordere Abschluß der Hülse in der üblichen Weise durch Einlegen eines Blättchens und Rändeln erfolgen kann. Metall- oder Preßstoffhülsen ließen sich schlechter verschließen und würden einen viel zu festen Abschluß ergeben. Gerade diesem Umstand ist aber besondere Aufmerksamkeit zu schenken, da sich sog. Raketenschüsse oder Laufsprengungen ereignen könnten, wenn die Schrote in ihrer Vorwärtsbewegung allzu sehr gehemmt würden. Neben diesen technischen Vorteilen ist die Verwendung einer Papphülse auch rein wirtschaftlich gesehen durchaus gerechtfertigt.

Große Schwierigkeit bietet die Verbindung von Papphülse und Preßstoffboden. Durch geeignete Konstruktion ist es gelungen, eine Schrotpatronenhülse herzustellen, bei der diese Verbindung hinreichend elastisch ist[1]. Die Ausdehnung der Hülse kann ohne die Gefahr des Gasschlupfes stattfinden. Auch die Abdichtung des Zündhütchens wird

---

[1] Von der H. Römmler A. G., Spremberg, zum DRP. angemeldet.

völlig gewährleistet. Der Rand der Hülse konnte durch Anwendung von Verbundstoff unter Beibehaltung der genormten Ausmaße so kräftig gemacht werden, daß er allen Beanspruchungen, die beim Ausziehen der abgeschossenen Hülse entstehen, völlig gewachsen ist. Ein weiterer Vorteil besteht darin, daß die Pappeteile in der seither gebräuchlichen Form verwendet werden können. Ihre Herstellung kann daher auf den gleichen Maschinen wie früher erfolgen. Größe und Form der Räume für Pulver und Schrot, die auf Präzision und Durchschlag von entscheidendem Einfluß sind, entsprechen genau denen der seither üblichen Hülsen mit Metallboden. Die heißen Pulvergase kommen mit dem Preßstoff nicht in Berührung. Dadurch wird die Entstehung von rostfördernden Gasen, die vielleicht eintreten könnte, von vornherein ausgeschlossen.

Versuche, die von der Deutschen Versuchsanstalt für Handfeuerwaffen in Berlin-Wannsee durchgeführt wurden, ergaben die praktische Brauchbarkeit dieser Hülsen. Mehrfach wiedergeladene Hülsen zeigten, aus einem Drilling verschossen, normale Schußergebnisse hinsichtlich Deckung des Trefferbildes und Durchschlag. Die Hülsen blieben völlig unversehrt. Bei einer automatischen Browningflinte arbeitete der Verschluß einwandfrei. Sämtliche Hülsen wurden ohne Hemmung ausgeworfen. Sogar Beschußladungen, wie sie zur Festigkeitsprüfung der Läufe verwendet werden, beschädigten die Hülsen keineswegs. Die Patronen wurden in einem Gasdruckmesser abgeschossen und lieferten Drücke von 850 kg/cm^2.

Rohstoffmäßig ist die Verwendung von Preßstoffen für Patronenhülsen durchaus zu rechtfertigen. Bei einem Jahresbedarf von etwa 80 Millionen Stück in Deutschland könnten rund 200 000 kg Messing eingespart werden. Bei Anwendung von Mehrfachformen ließe sich der Preis der seitherigen Hülsen mit Messingboden erreichen, so daß auch wirtschaftlich die Preßstoffhülse Aussichten bietet.

Für Zwecke, bei denen es auf eine besondere Feuchtigkeitsbeständigkeit der Hülse ankommt, etwa bei den sehr wasserempfindlichen Leuchtsätzen der Leuchtpatronen, könnten an Stelle der Pappe Hartpapierrohre mit geringem Harzgehalt verwendet werden. Sofern das Spiel der Patronen im Lauf in mäßigen Grenze bliebe, würde die Elastizität eines solchen Rohres ausreichen. Zur Erhöhung der Witterungsbeständigkeit könnte eine zusätzliche Lackierung beitragen. Auch die Frage des Abschlusses am oberen Patronenende dürfte kein unlösbares Problem darstellen. Vielleicht würde das Einsetzen eines wasserundurchlässigen Pfropfens genügen.

Dieses Anwendungsbeispiel für Preßstoffe soll zeigen, daß der Einsatz der neuen Werkstoffe auch an Stellen, an denen ein Erfolg zunächst unmöglich erscheint, häufig doch zum Erfolg führt, sofern der

Konstrukteur über die nötigen technischen Kenntnisse sowohl auf dem Anwendungsgebiet als auch in preßtechnischen Dingen verfügt.

c) Ladegeräte für Patronen.

Ebenso wie auf anderen Gebieten gibt es auch für das Laden von Patronen zahlreiche Maschinen und Vorrichtungen, bei denen Preßstoffe vorteilhaft zum Einsatz gelangen können. Erwähnt seien Griffe für Zündhütchenzangen, Rändelmaschinen und Pulverfüllmaschinen, bei letzteren auch die Pulverbehälter. Preßstoffplatten können wegen ihrer sauberen Oberfläche gut beim Füllen von Patronenhülsen und Sprengkapseln als Unterlage angewandt werden. Sie haben Metallplatten gegenüber den Vorteil, daß sie leichter sind und nicht oxydieren. Es muß jedoch berücksichtigt werden, daß sich Hartpapierplatten, und zwar in besonderem Maße solche aus Harnstoffharzgrundlage, elektrisch aufladen können. Hartgewebeplatten zeigen diese Erscheinung nur in geringem Umfang. Es ist daher von Fall zu Fall praktisch zu prüfen, ob die Voraussetzungen für eine solche Aufladung gegeben sind.

Eine sehr große Ersparnis an Messing ließe sich durch die Herstellung von Kugelsetzern aus Preßstoff erreichen, die von Büchsenmachern oder Sportschützen zum Wiederladen abgeschossener Hülsen verwendet werden. Gerade in der letzten Zeit hat das Pistolenschießen einen ungeheuren Aufschwung genommen. Vielen Schützen ist es jedoch wirtschaftlich nicht möglich, die teure Originalmunition zum Übungsschießen zu benutzen[1]. Der Bedarf an geeigneten Ladegeräten ist daher recht groß. Kugelsetzer können aus Hartpapier oder Hartgewebe gefertigt werden. Neben der guten Verschleißfestigkeit dieser Werkstoffe ist in diesem Falle ihre geringere Zugfestigkeit im Vergleich zu den Metallen vorteilhaft. Sollte beim Einsetzen des Geschosses die Patrone zur Entzündung kommen, was sich glücklicherweise nur sehr selten, aber doch immerhin gelegentlich ereignet, so platzt der Kugelsetzer bei einem viel geringeren Druck. Auch ist das Gewicht der wegfliegenden Splitter niedriger, so daß schwere Verletzungen im allgemeinen nicht zu befürchten sein dürften. Der zum Einsetzen des Geschosses erforderliche Stoß wird nicht so hart, sondern verhältnismäßig weich aufgefangen. Die Gefahr einer Entzündung des Hütchens wird dadurch bedeutend verringert.

Für große Mengen lohnt sich die Herstellung einer Preßform. Der Typ T2 dürfte sich wohl am meisten zu diesem Zweck eignen. Kugelsetzer für die genormte Schützenhülse Kal. 8,15 × 46 werden in sehr großen Mengen benötigt, so daß ihre Massenanfertigung schon jetzt wirtschaftlich gerechtfertigt erscheint. Dazu kommt, daß nach dem Kriege das Großkaliberschießen wieder im gleichen Umfange betrieben

---

[1] WEIGEL, W.: Z. Der Deutsche Schütze Bd. 6 (1942) S. 40.

werden dürfte wie vor dem 1. Weltkrieg. An Munition für Faustfeuerwaffen können neben Revolverpatronen auch solche für Selbstladepistolen leicht vom Schützen selbst geladen werden, obwohl bei letzteren die Wirkungsweise der Waffe von der Größe von Ladung und Vorlage sowie vom gleichmäßigen Sitz des Geschosses in der Hülse in hohem Maße abhängt. Durch Verwendung geeigneter Pulversorten mit günstiger kubischer Beschaffenheit bildet aber das Wiederladen von Hülsen für automatische Waffen keine Schwierigkeit[1]. Die Abb. 84 und 85 geben einen aus Hartgewebe gefertigten Kugelsetzer für die bo kannte Revolverpatrone Kal. 44 S. & W. Russian wieder, die von Sportschützen aus dem alten deutschen Armeerevolver Mod. 79/83 viel verfeuert wird[2]. Das in der Mitte des Bildes liegende Unterteil enthält ein Loch, das ein Aufliegen des Zündhütchens während des Ladevorgangs verhindern soll. Rechts befindet sich der Führungszylinder, der ein durchgehendes Loch aufweist, das unten der Dicke der kalibrierten Hülse und oben dem Geschoßdurchmesser entspricht. Links liegt der Stempel mit eingesetztem Stahlstift in Kaliberdicke. Dieser hat unten eine Aussparung, die sich der Rundung des Geschoßkopfes anpaßt. Weiterhin sind im Bilde einige Hülsen und Geschosse sowie verschiedene fertige Patronen zu sehen. Das Einsetzen geschieht durch Drücken oder leichtes Einschlagen mit einem Hammer. Der Kugelsetzer zeigte trotz starker Inanspruchnahme beim Laden von vielen tausend Patronen keinerlei Abnutzung. Die Präzision der Munition war daher ganz hervorragend und stand der Genauigkeit fabrikmäßig geladener Patronen in keiner Weise nach.

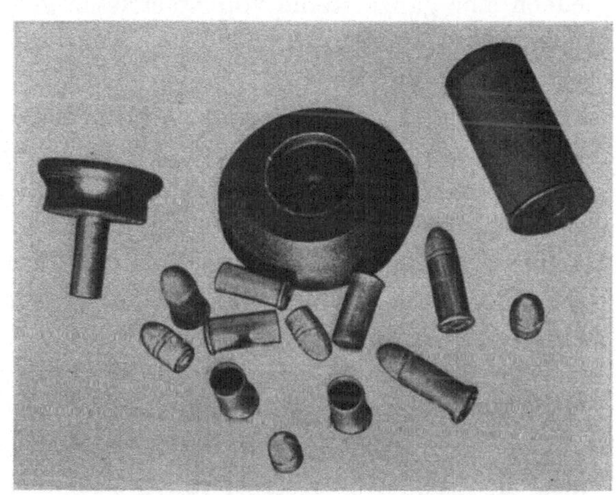

Abb. 84. Kugelsetzer aus Preßstoff für die Revolverpatrone Kal. 44 S. & W. Russian.

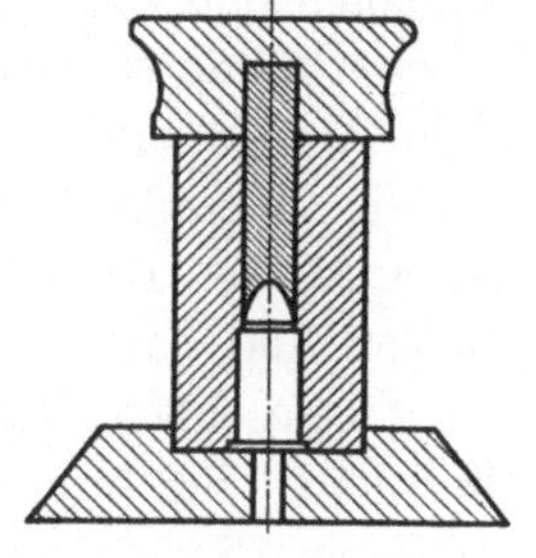

Abb. 85. Kugelsetzer, Querschnitt.

---

[1] WEIGEL, W.: Ballistik der Faustfeuerwaffen. Neudamm: Verlag J. Neumann 1934.

[2] BOCK, G.: Moderne Faustfeuerwaffen. 3. Aufl. Neudamm: Verlag J. Neumann 1942.

d) Panzerungen.

Zum Zwecke der Panzerung dürften sich Preßstoffe kaum eignen. 10 mm dicke Hartpapierplatten werden von dem Geschoß der Kleinkaliberbüchse glatt durchschlagen. 30 mm dicke Platten zeigten nach dem Beschuß mit einer Parabellumpistole Kal. 7,65 mm auf etwa 10 m nur unbedeutende Beschädigungen, da das Mantelgeschoß auf der harten Oberfläche völlig zerlegt wurde. Nach mehreren Schüssen hatten sich jedoch eine ganze Reihe von Querrissen gebildet. Die Platte war stark zermürbt. Als Panzerungen für direkten Beschuß eignen sich Preßstoffe daher nicht.

In England wurden Versuche mit einem Preßstoffhelm in der Form der beim englischen Heer eingeführten Stahlhelme gemacht. Er wurde aus Preßstoff vom Typ T3 hergestellt. Bei einem Stück wurde versuchsweise ein Drahtgewebe eingepreßt[1]. Für Beschuß sind solche Helme natürlich nicht geeignet. Immerhin zeigten jedoch Versuche, daß sie gegen flach kommende Granatsplitter oder umstürzendes Mauerwerk einen ausreichenden Schutz bieten. Besonders angenehm dürfte das geringe Gewicht von nur 0,5 kg (statt 1 kg beim Stahlhelm) für den Träger des Helms sein. Auch die Stahlersparnis, die bei der Einführung eines solchen Helms erzielt würde, wäre recht bedeutend. Wenn auch die Helme für Heereszwecke wohl nicht den an sie zu stellenden Bedingungen genügen dürften, so wäre ihre Einführung bei Luftschutz und Feuerwehr doch vielleicht in Erwägung zu ziehen.

6. Bauwesen.

a) Preßstücke.

Zu den Anwendungsgebieten der Preßstoffe gehört auch das Bauwesen. Nichtgeschichtete Stoffe werden zu zahlreichen Griffen, Beschlägen und sonstigen Armaturen verpreßt. Spülkastenarmaturen und Wasserhähne wurden oben schon erwähnt (S. 80 bis 82). Daneben haben sich Klosettbrillen und Deckel aus den Typen S und K sehr bewährt, da sie eine glatte Oberfläche besitzen, kein Wasser aufnehmen und infolgedessen leicht zu reinigen sind. Diese Teile sind sehr kräftig gehalten und haben praktisch eine unbegrenzte Lebensdauer.

Türbeschläge aus Preßstoff erfreuen sich schon lange großer Beliebtheit. Sie haben ein schöneres Aussehen als Metallteile und sind griffiger. Sorgfältiges Putzen, wie es beispielsweise Messing erfordert, ist hier nicht notwendig. Einfaches Abwischen genügt völlig. Abb. 86 zeigt einige Griffe für Fenster sowie verschiedene Beschlagteile. Das im Hintergrund stehende größere Beschlagteil ist 220 mm lang, 40 mm breit und hat eine Dicke von 4,5 mm. Die Wanddicke beträgt 2,5 mm.

---

[1] Z. Plastics Bd. 3 (1939) S. 354.

Die Naben für die Schraubenlöcher sind auf der Rückseite verstärkt, damit beim Anziehen der Schrauben keine Durchbiegung stattfinden kann. Die Verstärkungen sind untereinander durch Rippen verbunden, wodurch das ganze Stück eine gute Steifigkeit bekommt. Es wiegt nur 45 g.

Griffe für Schubladen und Schlüssellochrosetten werden häufig aus gemaserten Edelkunstharzen ausgearbeitet. Sie lassen sich in allen Farbzusammenstellungen und anderen Effekten herstellen und tragen jedem Geschmack Rechnung. Ihre Anwendung erstreckt sich hauptsächlich auf Luxusmöbel. Für Gebrauchsmöbel dienen gepreßte Griffe aus den Typen S und K. Sie können in S der Farbe des Holzes angepaßt werden, während der Typ K zur Fertigung hellfarbiger Teile verwandt wird.

Die Herstellung von Türdrückern aus Preßstoff hat ursprünglich zu Mißerfolgen geführt, da die Gestalter die Grundregeln für eine werkstoffgerechte Konstruktion nicht hinreichend berücksichtigten. Das Einpressen von Eisenkernen, die der Erhöhung der Festigkeit

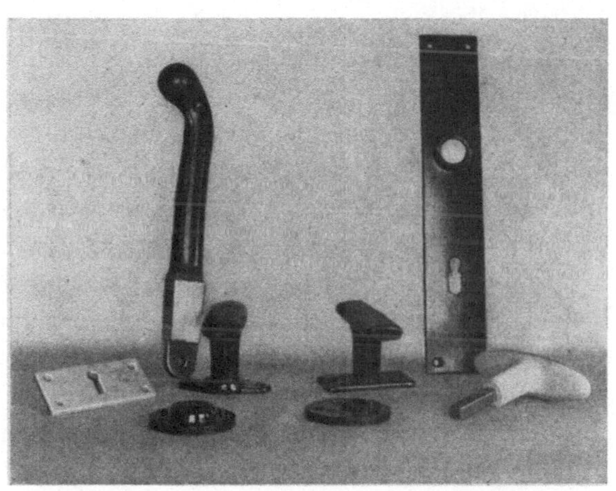

Abb. 86. Griffe und Beschlagteile aus Preßstoff.

dienen sollten, erwies sich als ungünstig. Durch die verschiedenen Wärmeausdehnungskoeffizienten von Metall und Preßstoff ergaben sich Spannungen, die über kurz oder lang zu Rissen und schließlich zum Bruch führten. Ebenso verfehlt war eine dicke, massive Ausführung ohne Metalleinlage. Die Preßlinge härteten nicht gleichmäßig aus, was wiederum zu Spannungen und schließlich zur Zerstörung führte. Besonders der Typ K ist in dieser Hinsicht empfindlich.

Eine sehr zweckmäßige Gestalt, die vom Metallspritzguß her schon lange bekannt ist, wurde von TURNWALD[1] beschrieben. Der Querschnitt des Drückers ist V-förmig. Er weist zwar nicht ganz das Widerstandsmoment auf, das ein U-förmiges Profil gleicher Fläche haben würde, gewährleistet aber eine bessere Handauflage und ist griffiger und formschöner. An Stelle eines eingepreßten Vierkants wurde ein Vierkantloch vorgesehen. Die Befestigung kann so geschehen, daß die Drücker in den Rosetten bajonettartig verriegelt werden, wobei der

---

[1] TURNWALD, H.: Z. Kunststoffe Bd. 31 (1941) S. 189.

Eisenvierkant lose in beiden Drückern sitzt. Noch günstiger ist die Anwendung eines aus zwei flachen Teilen zusammengesetzten Vierkants, der in den Löchern durch eine Schraube gespreizt wird. Er kann für beliebige Türdicken verwandt werden. Wichtig ist es, den Drücker so zu gestalten, daß er für beide Seiten der Türen benutzbar ist.

Die Türdrücker lassen sich in allen Farben herstellen und damit der Türfarbe anpassen. Dazu kommt die glatte, stets saubere Oberfläche, die ein schmuckes Aussehen gewährleistet. Sie werden bei der Durchführung des großen Wohnungsbauprogramms nach dem Kriege eine sehr starke Verbreitung finden. Es sind sehr große Stückzahlen und damit große Umsätze zu erwarten.

b) Platten.

Den zahlreichen Wünschen der Verbraucher Rechnung tragend ist die Kunststoffindustrie heute in der Lage, die Oberfläche von Hartpapieren in mannigfacher Weise zu gestalten. Je nach Wahl der Preßbleche lassen sich, wie bereits oben erwähnt wurde, hochglanzpolierte oder auch matte Oberflächen erzielen. Geprägte Bleche ergeben Musterungen, von denen Eisblumen und Würfel die bekanntesten sind.

Die Naturfarbe der Phenolharzhartpapiere ist braun. Sie können jedoch ebensogut auch schwarz oder rot geliefert werden. Verwendet man als oberste Papierschicht einen mit einer Holzmaserung versehenen Papierbogen, so erhält man eine naturgetreue Wiedergabe. Es werden hierzu Originalholzmaserungen benutzt, die durch ein photochemisches Verfahren auf das Papier übertragen werden. Die harzreiche Oberfläche schützt die Maserung gut gegen Feuchtigkeit und Verschleiß. Gangbare Sorten sind: Mahagoni einfarbig, Sapeli hell, Nußbaumwurzel, Eiche dunkel, Eiche hell, Vogelaugenahorn, Tuja hell (Pockholz), Sapeli dunkel, Tuja dunkel, Sapeli-Mahagoni, Birke rundgeschält, Makassar-Ebenholz.

Harnstoffharzhartpapiere lassen sich in allen beliebigen Farben liefern, z. B. in weiß, elfenbein, creme, rot, gelb usw. Sie sind undurchsichtig oder auch durchscheinend erhältlich[1]. Weiterhin bestehen bei diesen hellfarbigen Platten noch eine Reihe von Möglichkeiten in der naturgetreuen Wiedergabe von Marmoräderungen, Mustern tierischer Häute und Felle, Intarsien usw.

Im Handel sind solche Platten in der Größe bis zu etwa 1200 mm × 2000 mm zu haben. Ihre Befestigung kann durch Aufleimen auf entsprechende Unterlegeplatten wie Holz- oder Faserstoffplatten oder auch durch Verlegen in besonderen Rahmen erfolgen. Beim Aufleimen verwendet man zweckmäßigerweise Platten von 1,0 bis 1,5 mm Dicke.

---

[1] Harnstoffharzhartpapierplatten sind unter dem Namen Resopalplatten bekannt. Alleiniger Hersteller: H. Römmler A.G., Spremberg N.-L.

Als Bindemittel hat sich Kaltleim bewährt. Andere handelsübliche Leime können jedoch ebenfalls verwandt werden. Zur Erzielung einer besseren Haftfähigkeit werden die Platten auf der Rückseite aufgerauht. Es empfiehlt sich hierbei, die Plattendicke von 1,0 mm nicht zu unterschreiten, da man sonst Gefahr läuft, daß die Oberfläche wellig wird. Nur bei geschweiften Flächen kann auf 0,5 mm heruntergegangen werden, da durch die hierbei gegebene Vorspannung der Platten ein Welligwerden nicht zu erwarten ist.

Für freitragende Platten sind Dicken von 2 bis 4 mm zu wählen, je nachdem sie auf einer festen Unterlage aufliegen oder nicht. Ein direktes Aufschrauben ist nicht empfehlenswert. Durch Wärmeausdehnung oder Längenänderungen bei Feuchtigkeitsaufnahme könnte leicht ein Werfen der Platten eintreten. Dagegen ist die Verlegung in Rahmen, die durch entsprechende Leisten an den Stoßstellen gebildet werden, gut möglich. Der allseitig vorzusehende Spielraum soll dabei etwa 1 bis 2 mm betragen. Zur Rahmenherstellung können Kehlleisten aus Holz, Preßstoff oder auch weitgehend korrosionsfestem Metall, wie z. B. vernickelten oder verchromten Metallen oder eloxiertem Aluminium, dienen.

Die Anwendbarkeit solcher Platten als Wandbelag ist sehr vielseitig. Sie sind hauptsächlich da am Platze, wo mit starkem Verschleiß zu rechnen ist, also in Treppenaufgängen, Schulen, Gaststätten, öffentlichen Gebäuden usw.

Harnstoffharzhartpapierplatten werden überall da bevorzugt, wo mit großem Feuchtigkeitsgehalt der Luft zu rechnen ist, z. B. in Baderäumen, Wintergärten, Aborten usw. Auch in der Küche sind solche Platten als Wandverkleidung in der Umgebung des Wasserhahns sehr zweckmäßig und schön. Die große chemische Beständigkeit und die saubere, abwaschbare Oberfläche machen sie ganz besonders geeignet zur Verwendung in Krankenhäusern, Operationssälen, sanitären Anlagen, Molkereibetrieben u. ä.

Hartpapierplatten, sowohl auf Phenol- als auch auf Harnstoffharzgrundlage, können mit verschiedenen anderen Werkstoffen zusammen verpreßt werden, z. B. mit Eisen, Aluminium, Asbeststein usw. Hiervon macht man Gebrauch, um bei dünnen Platten eine größere Steifigkeit zu erreichen. Die Anwendung von Asbeststein bietet den Vorteil, dickere Platten bei niedrigem Preis herstellen zu können. Abb. 87 stellt einen Duschraum dar, der mit solchen Verbundplatten aus Asbeststein mit Harnstoffharzhartpapierauflage ausgestattet ist. Die Platten haben sich selbst nach jahrelangem Gebrauch in keiner Weise verändert.

Ebenso wie in Gebäuden haben sich auch in Fahrzeugen Hartpapierplatten als Wand- oder Deckenbelag bestens bewährt. Für ihre

Befestigung gelten die oben erwähnten Regeln. Platten von etwa 2 bis 3 mm Dicke sind dann zu verwenden, wenn die Gefahr besteht, daß sie Stößen ausgesetzt sind, wie beispielsweise über Gepäcknetzen, wo durch scharfkantige, schwere Gepäckstücke Beschädigungen hervorgerufen werden können. Dickere Platten sind auch als freitragende Deckenbekleidung in niedrigen Wagen, z. B. in Omnibussen, zu wählen, während bei hohen Wagen Dicken von 1,5 mm völlig ausreichen. Die Seitenwände am Ende der Polster-

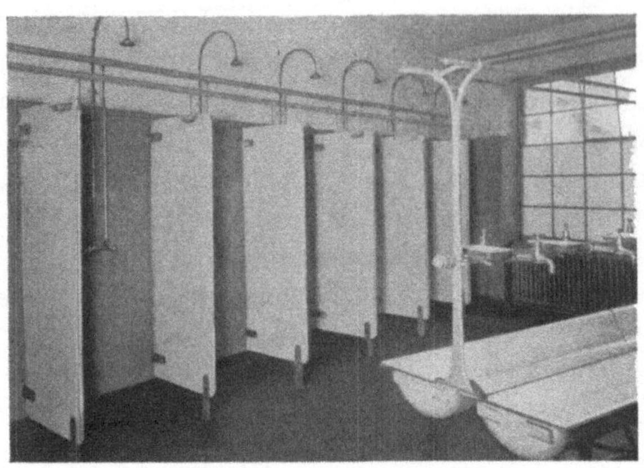

Abb. 87. Duschraum, mit Verbundplatten ausgestattet.

sitze sind mit Phenolharzhartpapier zu belegen, die Decke ist mit Harnstoffharzhartpapier zu verkleiden. Für die Haltestangen können Hartpapierrohre dienen, deren Festigkeit für diesen Zweck ausreichend ist, sofern die Befestigungsstellen nicht zu weit voneinander entfernt sind.

Abb. 88. Tische, mit Resopalplatten belegt.

Bei gewölbten Tonnendächern ist es erforderlich, daß die Platten vorher entsprechend gebogen werden, damit sie sich der Krümmung gut anpassen. Das Biegen erfolgt in der Weise, daß der Werkstoff auf etwa 80° erwärmt wird, wodurch er in seiner Sprödigkeit stark nachläßt. Die gewünschte Form wird ihm durch Einspannen in eine geeignete Vorrichtung gegeben. Nach Erkalten in dieser Lage behalten die Platten die gekrümmte Form bei.

Abb. 89. Schrank, mit Resopalplatten ausgelegt.

Deckenverkleidungen erfordern keinerlei nachträgliche Behandlung oder Wartung, wie dies z. B. bei Sperrholzplatten der Fall ist, deren Anstrich in gewissen Zeitabständen erneuert werden muß. Ihre Farbe bleibt praktisch unverändert.

Zahlreiche Möglichkeiten für die Anwendung von Hartpapieren bestehen in der Möbelindustrie. Hier sind es zunächst Phenolharzhartpapiere mit Maserung, die an Stelle von Furnieren aus teuren, ausländischen Hölzern gern benutzt werden. Zwar macht man ihnen häufig vom künstlerischen Standpunkt aus den Vorwurf der Nachahmung, man muß aber auch bedenken, daß das Muster der Maserung selbst mit dem Original doch genau übereinstimmt. Auf jeden Fall sind die große Kratzfestigkeit und der schöne Oberflächenglanz Eigenschaften, die von Hölzern nicht erreicht werden. Ebenso haben auch hellfarbige Harnstoffharzhartpapiere schnell Eingang gefunden. Sie stehen Marmor, Glas und schleiflackfarbenen Anstrichen ebenbürtig zur Seite. Geschmackvoll und äußerst praktisch lassen sie sich als Tischbelag verwenden, besonders da, wo Feuchtigkeitseinflüsse zu erwarten sind. Küchentische, die mit solchen Platten belegt werden, wirken raumschmückend und sind dabei abwaschbar und sehr appetitlich, da sie ja chemisch nicht angegriffen werden. Sie sind mechanisch sehr fest und auch recht wärmebeständig, so daß z. B. heiße Schüsseln keine Veränderung an ihnen hervorrufen (Abb. 88). Einen Schrank, der mit solchen Platten ausgelegt ist, zeigt Abb. 89. Die Farben lassen sich ganz der Holzart und -farbe, dem persönlichen Geschmack des Besitzers entsprechend, anpassen.

E. Hilfsmittel des Maschinenbaus.

1. Beschriftung von Preßstücken, Preßstoffschilder.

a) Beschriftung von Preßstücken.

An Stelle einer glatten Oberfläche lassen sich an Preßstücken auch alle Arten von Konturen anbringen. Mattierte Oberflächen, Eisblumenmuster, Fischhaut usw. sind gebräuchliche Arten der Oberflächengestaltung. Sie lassen sich deshalb einwandfrei in einfacher Weise erzielen, weil die Preßmasse auch die feinsten Markierungen der Form, damit allerdings auch alle Fehler, genau abbildet. Ebenso leicht sind natürlich Schriften oder sonstige Bezeichnungen anzubringen. Es genügt ein einmaliger Arbeitsaufwand bei der Herstellung der Form. Hierbei ist darauf zu achten, daß die Form das Negativ des Preßstücks darstellt. Beschriftungen müssen daher in Spiegelschrift angebracht werden. Erhabene Schriften auf dem Preßstück können durch einfaches Gavieren der Preßform hervorgerufen werden. Sie steht dann allerdings aus der im übrigen glatten Fläche des Preßlings heraus. Will man zur Hervorhebung die Schrift farbig auslegen, so muß sie im Preßstück vertieft vorhanden sein, in der Form aber erhaben hervortreten. Die Fläche in der Umgebung der Schrift muß sauber poliert sein, da sie beim Preßling Ansichtsfläche ist, auf der jeder kleine Fehler stark auffällt. Die Ausführung einer solchen Schrift in der Form ist recht schwierig. Bei tiefen Formen ist sie zuweilen praktisch überhaupt nicht ausführbar. In diesem Falle muß mit Schrifteinsätzen gearbeitet werden, die nachträglich in die Form eingesetzt werden. Eine weitere Möglichkeit ist die, eine erhabene Schrift vertieft anzubringen, so daß sie nicht über die Grundfläche des Stücks hinausragt.

Die Anwendungsmöglichkeiten für beschriftete Preßlinge sind sehr groß. Bei elektrischen Meßinstrumenten können am Gehäuse Bezeichnungen über die Art des Geräts und die Stromart, für die es eingerichtet ist, angebracht werden. Auch Polbezeichnungen, Schaltschemen oder auch ganze Bezeichnungsschilder, etwa in der Art, wie man sie an Motoren findet, lassen sich in dieser Weise anbringen. Griffe und Handräder aller Art können mit Beschriftungen versehen werden (Abb. 90).

Natürlich ist es auch möglich, glatte Flächen an Preßlingen nachträglich zu beschriften. Bewährt haben sich Günther-Wagner-Tinte Nr. 32 und Nitrozellulose- und Öllacke wie Autoducolack, Eurecol usw. Wegen der besseren Haltbarkeit ist beim Aufbringen des Lacks dem Spritzverfahren der Vorzug zu geben.

Solche nachträglich angebrachten Schriften sind bezüglich ihrer Haltbarkeit mit eingepreßten Beschriftungen keineswegs zu vergleichen. Sie stellen

Abb. 90. Drehknöpfe mit Beschriftung.

nur einen Notbehelf dar und sind nur da am Platze, wo es sich um vorübergehende Bezeichnungen handelt oder wo die Möglichkeit einer öfteren Erneuerung besteht.

b) Schilder.

α) **Allgemeines.** Schilder werden in der Industrie in großem Umfange benötigt. Hinweisschilder, die auf Gefahren ausmerksam machen sollen, etwa Blitzschilder an Hochspannungsanlagen, sind ebenso verbreitet wie Bedienungsvorschriften. Die Anforderungen, die an Schilder gestellt werden, sind mannigfacher Art. Voraussetzung ist bei vielen zunächst eine gewisse Auffälligkeit, besonders bei Gefahrschildern, die sich durch Anwendung großer Farbenkontraste erreichen läßt. Auch die gute Lesbarkeit ist wichtig. Sie hängt nicht nur von der Größe der Buchstaben ab, sondern auch von der Farbenzusammenstellung. Es sei in diesem Zusammenhang an die zahlreichen Verkehrsschilder und Ortstafeln erinnert, die auch bei trübem Wetter noch auf große Entfernung zu lesen sind, sofern geeignete Farben gewählt werden, z. B. schwarze Schrift auf gelbem Grunde.

Schilder, die sich im Freien befinden, sind Wind und Wetter ausgesetzt. Von ihnen verlangt man Korrosionsfestigkeit und geringe Neigung zum Quellen. Auch dürfen sie sich bei Feuchtbeanspruchung nicht werfen und müssen lichtbeständig sein. Zuweilen können sie mechanischen Beanspruchungen ausgesetzt sein. Nicht nur freitragende Schilder, sondern auch solche, die an Leitungsmasten oder auf sonst einer Unterlage befestigt sind, erfordern eine gewisse mechanische Festigkeit. In besonderem Maße muß diese Forderung von Schildern erfüllt werden, die in Industriebetrieben verwandt werden. Hinweisschilder an Maschinen können sehr leicht Schlägen und Stößen ausgesetzt sein. Sie müssen daher druck- und schlagfest genug sein, um nicht im Laufe der Zeit ihre Lesbarkeit einzubüßen oder zu zerbrechen. Zuweilen wird auch eine große Beständigkeit gegen Chemikalien verlangt. Spritzer von Öl oder Kraftstoff dürfen den Werkstoff nicht angreifen und müssen sich leicht wieder entfernen lassen. In Einzelfällen können noch thermische Forderungen gestellt werden. Veränderungen des Werkstoffs in chemischer Hinsicht oder Gestaltänderungen dürfen hierbei nicht eintreten. Schließlich sei noch auf das elektrische Verhalten hingewiesen, das bei Verwendung der Schilder an spannungsführenden Teilen wichtig ist. Gute Isolierfähigkeit und große Durchschlagsfestigkeit sind stets wünschenswert und oft notwendig.

Bedienungsvorschriften, die nicht befestigt und häufig in die Hand genommen werden, büßen schnell ihre Lesbarkeit ein. Der Schilderwerkstoff muß daher griffest und bis zu einem gewissen Grade auch verschleißfest sein.

Als gebräuchliche Schilderwerkstoffe kamen seither Metalle wie Eisen, Kupfer und Messing in Betracht. Mit dem starken Aufschwung der Industrie in den letzten Jahren und der Forderung nach der Verwendung heimischer Werkstoffe ist auch die Nachfrage nach einem geeigneten Schildermaterial gestiegen. Es ist daher verständlich, daß diesem Gebiete von seiten der Kunststoffindustrie mit Recht gebührende Aufmerksamkeit zuteil wurde[1]. Unter Berücksichtigung aller oben gestellten Forderungen wurde ein Plattenmaterial entwickelt, das heute in großem Umfange als Werkstoff für Schilder Verwendung findet. Es handelt sich um das bereits im vorigen Abschnitt erwähnte Hartpapier auf Harnstoffharzgrundlage, das unter dem Namen Resopal im Handel erhältlich ist.

β) Hartpapier auf Harnstoffharzgrundlage. Es wird in der gleichen Weise angefertigt wie das bereits oben in dem Abschnitt über geschichtete Preßstoffe behandelte Phenolharzhartpapier. Eigens für diesen Zweck

---

[1] WIRTH, E.: Z. Kunststoffe Bd. 28 (1938) S. 67.

hergestellte, besonders saugfähige Papierlagen werden mit Harnstoffharzlösung getränkt. Nach dem Abtrocknen werden sie übereinandergetafelt und in der üblichen Weise unter gleichzeitiger Einwirkung von Druck und Hitze zu überaus festen und widerstandsfähigen Platten verpreßt. Im Gegensatz zu den bei Hartpapier als Bindemittel verwendeten Phenolharzen haben die Harnstoffharze die Eigenschaft, gut in die Papierfaser einzudringen und die Schichten besonders innig miteinander zu verkleben. Diese Eigenschaft ist der Grund, weshalb Harnstoffharzhartpapierplatten gegen die Einwirkung von Feuchtigkeit und vielen im täglichen Leben vorkommenden Chemikalien saurer, alkalischer oder neutraler Natur praktisch unempfindlich sind. So vermögen beispielsweise die häufig als Reinigungsmittel angewandten Lösungsmittel wie Benzin, Benzol, Seife, Alkohol usw. die Platten in keiner Weise anzugreifen.

Durch das gute Eindringen des Harzes in das Papier ist der Umstand bedingt, daß die Platten durchscheinend sind. Daher eignen sie sich auch hervorragend für Leuchten aller Art, zumal sie den Vorzug haben, das Licht sehr gleichmäßig zu verteilen, wie das z. B. auch bei Milchglasplatten der Fall ist. Undurchsichtige Platten können natürlich ebenso leicht hergestellt werden. Es genügt, die Papiere mit geeigneten Füllstoffen zu versehen.

Je nach Wahl der zur Verwendung gelangenden Papiere können Harnstoffharzhartpapiere reinweiß, schwarz und in allen beliebigen Farben gefertigt werden. Matte Farben lassen sich ebenso leicht erzielen wie satte, leuchtende Farben.

Bezüglich ihrer mechanischen Eigenschaften stehen sie den Schichtstoffen auf Phenolharzgrundlage kaum nach. Lediglich die Schlagbiegefestigkeit beträgt nur etwa die Hälfte, reicht aber praktisch für die von Schildern geforderte Widerstandsfähigkeit völlig aus.

γ) **Das Unterdruckverfahren.** Wählt man beim Eintafeln der in Harnstoffharz getränkten Papierbahnen als obersten Bogen eine mit Spezialdruckfarbe bedruckte Papierlage, so erhält man nach dem Verpressen den sog. Resopalunterdruck. Der Name rührt daher, daß sich das Druckbild hierbei unter einer schützenden glasklaren und harten Harzschicht befindet, die dem Schild eine hohe Wetterbeständigkeit verleiht. Diese Unterdrucke weisen die gleichen Eigenschaften auf wie die gewöhnlichen Harnstoffharzhartpapiere. Sie haben ebenfalls eine hohe mechanische Festigkeit und sind korrosionsfest und vor allem praktisch licht- und farbbeständig.

Wegen der besonderen Herstellungsweise dieser Schilder eignen sich nicht alle Druckfarben für das Unterdruckverfahren. Es muß darauf geachtet werden, daß die Farben durch den im Kunstharz enthaltenen Formaldehyd nicht aufgelöst werden und gleichzeitig eine Preßtemperatur von etwa 140° aushalten, ohne sich zu verändern.

Da sowohl Buch- als auch Offsetdruck ein- und mehrfarbig im Unterdruckverfahren verpreßt werden kann, ergeben sich für derartige Schilder naturgemäß unbegrenzte Anwendungsmöglichkeiten. In der Elektrotechnik haben sie sich als Warnungsschilder für Hoch- und Niederspannungsanlagen eingeführt. Hier kommt vor allem die Wetterbeständigkeit und die Haltbarkeit der Druckfarbe zugute, denn sie sind an Kraftwerken, Transformatorenstationen und Hochspannungsmasten allen Unbilden des Wetters, der Hitze, dem Frost, dem Regen und Schnee jederzeit ausgesetzt. Dabei sind sie gleich dem Phenolharzhartpapier ein hervorragender Isolator.

Im allgemeinen Maschinenbau findet man Kunstharzschilder als Bedienungsvorschriften für Apparate und Maschinenanlagen, als Normentabellen und Firmenschilder. Das dunkle Druckbild hebt sich sehr deutlich von dem leuchtenden weißen oder gelben Untergrund der Platte ab und macht das Schild schon von weitem gut leserlich. Da Öl und schwache Säuren den Werkstoff nicht angreifen, bleibt das Schild durch seine hochglanzpolierte Oberfläche immer sauber und kann gegebenenfalls mit Wasser oder Seife gereinigt werden.

Nicht minder bedeutsam sind Kunstharzschilder für den Schiffs- und Flugzeugbau. Hier sind Feuersicherheit und geringe Wichte unbestritten maßgebend. Preßstoffschilder sind nur halb so schwer wie solche aus Leichtmetall und haben ein Sechstel des Gewichts von Eisen- oder Bronzeschildern. Wo Blendgefahr besteht, können derartige Schilder auch mit matter Oberfläche hergestellt werden. Im Schiffsbau spielt auch die Korrosionsbeständigkeit gegenüber Seeluft und Seewasser eine große Rolle, zumal die bisher verwendeten Metallschilder hier nur beschränkt haltbar sind.

Der Fahrzeugbau wendet heute immer mehr Kunstharzschilder an. Hier sind gute Leserlichkeit, geschmackvolles Aussehen und geringes Gewicht ausschlaggebend. Bei der Reichsbahn, die auf gediegene Innenausstattung besonderen Wert legt, findet man fast durchweg Resopalschilder, so z. B. in der Berliner Stadtbahn und in den neuen Schnelltriebwagen.

Eine sehr beachtliche Rolle spielen die geschichteten Kunstharzpreßstoffe als Schilderwerkstoff im Verkehrs- und Werbungswesen. Dem aufmerksamen Verkehrsteilnehmer wird es nicht entgehen, daß schon eine Reihe von Orts-, Hinweis- und Verbotstafeln aus Kunstharzplatten gefertigt sind. Hier werden aus Gründen der Wirtschaftlichkeit außer Resopalplatten auch wetterbeständige Hartpapierplatten benutzt, die nachträglich von Spezialfirmen mit geeigneten wetterfesten Lacken oder Farben gespritzt oder bedruckt werden. Da sich auch Landkarten in jeder Größe im Unterdruckverfahren verpressen lassen, können Autokarten für Tankstellen oder Karten für Unterrichtszwecke hergestellt

werden. Sie lassen sich im Unterricht mit einem Fettstift leicht beschriften. Die Schrift kann wieder abgewischt werden. Die Wirkung
für Werbezwecke wird dadurch erhöht, daß die Platten transparent
ausgeführt und rückseitig angestrahlt werden. Sie sind dann auch nachts
gut lesbar.

Von den unzähligen Anwendungsgebieten sei noch die Unterdruck-
pause erwähnt. Ein gewisser Nachteil des Unterdruckverfahrens besteht darin, daß seine Herstellung einen Drucksatz oder ein Klischee
erfordert. Es ist daher nur dann wirtschaftlich, wenn die Druckauflage
so groß ist, daß die Druckkosten, auf das einzelne Schild umgelegt,
nicht zu hoch sind.

Dies führte zu Versuchen, auch Lichtpausen im Unterdruckverfahren zu verpressen. Anfänglich stellten sich diesem Vorhaben er-
hebliche Schwierigkeiten entgegen, da der größte Teil der im Handel
erhältlichen Lichtpauspapiere sich nicht mit dem Harnstoffharz verträgt und ausblutet, bzw. die ganze Gelatineschicht aufgelöst wird.
Nach längeren Entwicklungsarbeiten gelang es jedoch, auch hier die
Schwierigkeiten zu beseitigen. Heute ist man in der Lage, Speziallicht-
pauspapiere im Resopalunterdruckverfahren zu verpressen.

Der große Vorzug dieses Verfahrens liegt vor allem in der Möglichkeit der Einzelanfertigung. Verwendungen ergeben sich größtenteils
auf technischem Gebiet. So eignen sich nach diesem Verfahren hergestellte Schilder vorzugsweise für den Werkstattgebrauch, für Normen-
tafeln, Konstruktionstabellen und -schemen, Zeichnungen, Bedienungsvorschriften für Maschinen und Hinweisschilder. Durch die schützende
Harzschicht unterliegen alle diese Schilder keiner Abnutzung und
können jederzeit bequem gereinigt werden. Im übrigen gestattet der
Werkstoff das nachträgliche Einzeichnen von Hilfslinien mit dem Bleistift. Diese Beschriftung kann leicht wieder entfernt werden. Dauerhafte nachträgliche Beschriftungen können ebenfalls vorgenommen
werden. Hierzu wird eine Spezialtinte verwendet.

Auch Schreibmaschinenvervielfältigungen lassen sich im Unterdruckverfahren verpressen, sei es auf dem Wege über die Lichtpause
oder mit Hilfe der Wachsmatrize eines Vervielfältigungsapparats. Der
Abzug wird dann zweckmäßigerweise auf saugfähigen Papieren hergestellt.

d) **Mehrschichtplatten.** Resopalplatten lassen sich wie Metall sehr
gut gravieren, so daß auch auf diesem Wege Schilder in Einzelanfertigung
sehr gut möglich sind. Allerdings wäre das Verfahren recht umständlich.
Die eingravierte Schicht könnte, um besser lesbar zu sein, andersfarbig
ausgelegt werden. Man stellt daher Resopalplatten mit mehreren
Farbschichten her und graviert sie durch die oberste Schicht bis zur
nächsten hindurch. Die Dreischichtplatte entsteht dadurch, daß Papiere

bestimmter Färbung beiderseitig mit andersfarbigen Papieren zu einer homogenen Platte verpreßt werden, so daß der Querschnitt der fertigen Platte drei deutlich sich voneinander abhebende, aber unzertrennlich fest zusammenhängende Schichten zeigt. Da die einzelnen Schichten sehr gut aufeinanderhaften, springen diese Platten auch bei feinster Gravierung nicht aus. Graviert wird meist auf den gebräuchlichen Graviermaschinen nach dem Storchschnabelprinzip. Der rotierende Gravierstichel durchfräst die Außenschicht so tief, bis die andersfarbige Zwischenschicht gut lesbar zutage tritt. Im Vergleich zu Metallen lassen sich Resopaldreischichtplatten leichter fräsen bzw. gravieren; sie gestatten auch eine bedeutend höhere Schnittgeschwindigkeit (bis zu 200 m/min). Wie bei der Bearbeitung von Preßstoffen im allgemeinen ist auch hier darauf zu achten, daß die Werkzeuge gut hinterschliffen sind, damit sie sich leicht freischneiden. Für den Gravierstichel wählt man zweckmäßigerweise einen Hinterschliffwinkel von etwa 25°. Abb. 91 zeigt eine Graviermaschine. Wegen ihrer Sprödigkeit ergeben sich bei Resopalplatten auch bei feinster Gravierung haarscharfe Schnittkanten. Ein Schmieren und Ausfransen der Schnittkanten, wie es beispielsweise beim Gravieren von Hartpapierplatten zu beobachten

Abb. 91. Gravieren einer Resopaldreischichtplatte.

ist, ist daher bei den Dreischichtplatten ausgeschlossen.

Entsprechend den bereits erwähnten zahlreichen Farben, in denen Resopal herstellbar ist, können auch Dreischichtplatten in den verschiedensten Farbzusammenstellungen angefertigt werden. Die gebräuchlichsten davon sind: schwarz-weiß-schwarz, weiß-schwarz-weiß, rot-weiß-rot, weiß-rot-weiß, elfenbein-grün-elfenbein, blau-gelb-blau. Die Stärken der einzelnen Schichten können beliebig gewählt werden. Am häufigsten legt man jedoch auf eine besonders dünne Außenschicht Wert, die etwa 0,1 bis 0,3 mm beträgt, so daß nöglichst flach und fein graviert werden kann.

Das dreischichtige System wird gewählt, um einen symmetrischen Aufbau zu erzielen, der vor allem gewährleistet, daß die Dreischichtplatte völlig plan liegt und sich bei Feuchtigkeitsaufnahme nicht verzieht. Daneben können auch Zwei- und Fünfschichtplatten hergestellt werden. Die ersteren werden fast ausschließlich für hinterleuchtete Gravuren genommen, wobei die Deckschicht schwarz und die dahinter liegende Schicht farbig transparent ausgeführt werden kann. Die Erweiterung des Dreischicht- auf ein Fünfschichtsystem gestattet je nach der Tiefe des Fräsens ein zweifarbiges Gravieren. Abb. 92 gibt einige gravierte Resopaldreischichtplatten wieder.

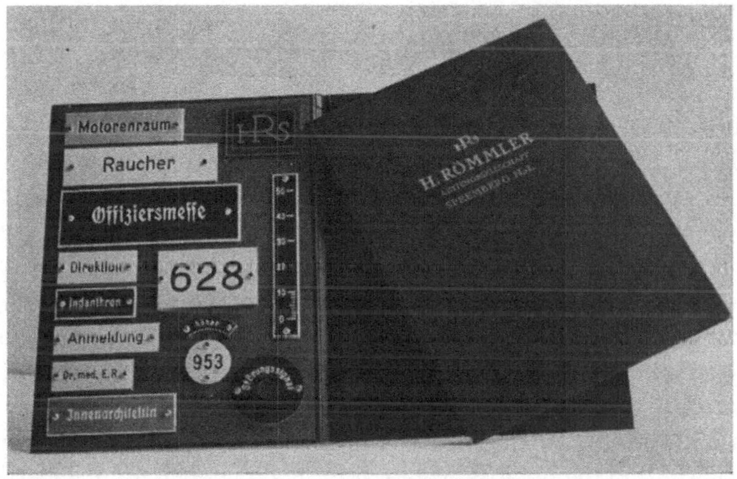

Abb. 92. Gravierte Resopaldreischichtplatten.

Andere geschmackvolle Ausführungen ergeben sich durch Verbindung von Dreischichtplatten mit Unterdrucken. Hiervon wird vor allem bei der Verwendung für Firmenschilder Gebrauch gemacht. Der sich ständig wiederholende Text wird im Unterdruckverfahren verpreßt, während die jeweils veränderlichen Angaben wie Maschinenleistungen, Maschinennummern, Abmessungen, Gewichte u. a. nachträglich eingraviert werden können.

Über die Bearbeitung der Dreischichtplatten ist noch zu sagen, daß man sie zweckmäßig mit schnellaufenden Kreissägen schneidet. Im übrigen gelten die gleichen Bearbeitungsregeln, wie sie bereits oben für Hartpapierplatten angegeben wurden. Die Schilder können ringsum mit Fräser oder Feile facettiert werden. Durch den mehrschichtigen Aufbau der Platten erhält das Schild gleichzeitig mit der Facette eine sehr geschmackvolle Umrahmung.

Die Anwendungsgebiete für Dreischichtplatten sind die gleichen wie für Unterdruckschilder. Während die ersteren vorzugsweise für Einzelanfertigung bestimmt sind, kommen Unterdruckschilder nur in Mengenauflagen von etwa 30 bis 50 Stück in Betracht. Auch für den privaten Gebrauch haben sich die Dreischichtplatten gut eingeführt, zumal sie der Hausfrau das bisher notwendige Putzen der Messingschilder ersparen.

Neben der bereits erwähnten Möglichkeit der nachträglichen Beschriftung besteht für Resopal- sowie auch für Hartpapierplatten die Möglichkeit des nachträglichen Bedruckens. Dieses Verfahren wird vielfach zur Herstellung von Radioskalen angewendet. Voraussetzung ist eine tadellose, absolut plane Oberfläche. Neuerdings werden auch bedruckte Hartpapierplatten zur Fertigung von Reklameplakaten herangezogen.

2. Wärmeschutzplatten.

a) Zusammensetzung und Eigenschaften.

Oft stellen sich der Auswahl geeigneter Werkstoffe für bestimmte technische Zwecke Schwierigkeiten in den Weg, hauptsächlich dann, wenn es sich um gleichzeitige Beanspruchung mechanischer und thermischer, zuweilen sogar noch chemischer Natur handelt. Bestimmte Vorteile in der einen Hinsicht müssen oft durch Verzicht auf gewisse andere Eigenschaften erkauft werden. Einen Werkstoff, der allen Anforderungen gerecht wird, gibt es noch nicht. Häufig genügt es aber, Lösungen zu finden, bei denen die Vorzüge die Nachteile so stark überwiegen, daß diese nicht mehr störend ins Gewicht fallen.

Es bestand das Bedürfnis nach einem wärmeisolierenden Werkstoff, der gleichzeitig eine hohe Wärmebeständigkeit neben guter Oberflächenhärte und mechanischer Festigkeit aufweisen sollte. Hartpapier besitzt eine hohe mechanische Festigkeit, ist aber auf die Dauer nicht so hitzebeständig, wie das oft wünschenswert wäre. Asbeststeinplatten sind thermischen Einflüssen gegenüber nahezu unempfindlich, besitzen aber andererseits keine allzu große Festigkeit. Die Verbindung beider Stoffe, die so erfolgt, daß auf beiden Seiten einer Hartpapierplatte je eine Asbeststeinplatte aufgepreßt wird, ist die Wärmeschutzplatte[1].

Bei ihr sind die guten Eigenschaften der Ausgangsstoffe in hohem Maße vorhanden. So beträgt z. B. die Biegefestigkeit bei den üblichen Dickenverhältnissen etwa 400 bis 500 kg/cm². Die Schlagbiegefestigkeit erreicht im Mittel Werte von 20 cmkg/cm², während die Druckfestigkeit zwischen 1500 und 1700 kg/cm² liegt. Die Wichte ergibt sich durchschnittlich zu 2,2 kg/dm². Die Oberflächenhärte ist ganz bedeutend. Brinellhärten von 30 bis 35 kg/mm² wurden gemessen. Auch die thermischen Eigenschaften sind beachtlich. Die Wärmeleitzahl beträgt 16 kcal/mh° C. Wärmeschutzplatten können bei Oberflächentemperaturen bis zu 180° verwendet werden.

---

[1] Wärmeschutzplatten DRGM. werden von der H. Römmler A.G., Spremberg, hergestellt.

Zur Prüfung der chemischen Beständigkeit wurden diese Platten zwei Tage lang der Einwirkung konzentrierter Schwefel-, Salz- und Salpetersäure sowie konzentrierter Natronlauge ausgesetzt. Dabei zeigte es sich, daß Schwefelsäure und Natronlauge überhaupt keine Angriffsspuren auf der Oberfläche hinterließen, während Salz- und Salpetersäure einen hauchdünnen weißen Belag hervorriefen, der aber mit Schmirgelpapier leicht wieder entfernt werden konnte.

Wärmeschutzplatten werden im Format 1950 mm × 1150 mm und 1500 mm × 100 mm in Dicken ab 10 mm in den Handel gebracht. Zur Vermeidung von Verzugserscheinungen werden sie als Dreischichtplatten symmetrisch aufgebaut. Abb. 93 gibt den Aufbau wieder. Die dunkle Hartpapierschicht hebt sich deutlich von den beiderseitig aufgepreßten hellen Asbeststeinplatten ab.

Abb. 93. Aufbau einer Wärmeschutzplatte.

b) Bearbeitung.

Das Schneiden von Wärmeschutzplatten kann mit sog. Marmorsägen erfolgen. Es sind dies Eisenscheiben mit Karborundumbelag. Solche Sägen sind in Dicken von 6 bis 10 mm im Handel erhältlich. Der Vorschub soll etwa 0,3 bis 0,4 mm je Umdrehung betragen. Platten mit einer Dicke von weniger als 10 mm können auch mit Bandsägen geschnitten werden.

Zum Bohren kleinerer Löcher bis 15 mm verwendet man gewöhnliche Spiralbohrer bzw. Gummibohrer. Zum Bohren größerer Löcher haben sich Zapfenbohrer und Kreisschneider als zweckmäßig erwiesen. Staubentwicklung ist bei der Bearbeitung natürlich nicht zu vermeiden. Es ist daher für eine gute Staubabsaugung zu sorgen.

Fräsen und Drehen ist ebenfalls möglich. Beim Schneiden von Gewinden ist zu beachten, daß nur die mittlere Hartpapierschicht als Gewindeträger in Betracht kommt. Für solche Fälle ist es gut, die Hartpapierschicht etwas dicker zu wählen.

c) Anwendung.

Die Anwendungsmöglichkeiten für Wärmeschutzplatten sind sehr zahlreich. Zunächst dienen sie als Wärmeisolierstoff. Sie finden daher vielfach Verwendung an Pressen, die mit geheizten Gesenken arbeiten, z. B. zur Verhinderung des Wärmeübergangs von den Formen nach den Pressen bei der Verarbeitung nichtgeschichteter Preßstoffe. Die Platte muß dabei Drücke bis zu 400 kg/cm² aushalten und Temperaturen bis 180° widerstehen. Dabei muß sie in hohem Maße stoß- und kratzfest sein, um unbeschädigt häufigen Formwechsel aushalten zu können.

In der Elektrotechnik haben sich diese Platten als Funkenschutzwerkstoff, der hohen Temperaturen standhalten muß, bestens bewährt. Die Hartpapierzwischenschicht verleiht der Platte dabei nicht nur die nötige Steifigkeit und Festigkeit, sondern wirkt in diesem Falle auch als guter Isolator.

Sehr große Verbreitung haben Wärmeschutzplatten als Belag für Werk- und Laboratoriumstische gefunden[1]. Sie haben sich hier als ein äußerst brauchbarer Werkstoff erwiesen und den seither verwendeten Stoffen als überlegen gezeigt. Zum Belegen von Laboratoriumstischen verwandte man Bleiplatten, die vor allem wegen ihrer chemischen Widerstandsfähigkeit und ihrer weichen Oberfläche beliebt waren. Das erforderte aber recht große Mengen dieses devisengebundenen Stoffs, der wichtigeren Verwendungszwecken zur Verfügung stehen sollte. Glas hat sich als ungeeignet zu diesem Zweck gezeigt. Es neigt bei starker und plötzlicher Wärmeeinwirkung zum Springen und genügt auch hinsichtlich seiner Schlagfestigkeit keineswegs den an einen Tischbelag zu stellenden Bedingungen. Das gleiche gilt für Drahtglas. Es hat auch die unangenehme Eigenschaft, daß seine Oberfläche sehr unnachgiebig ist und damit das Springen von hart aufgesetzten Glasgeräten begünstigt. Holz besitzt zwar eine weiche Oberfläche, hat sich aber wegen seiner leichten Brennbarkeit und geringen chemischen Beständigkeit als ungenügend erwiesen.

Einen sehr brauchbaren Werkstoff stellen jedoch die Wärmeschutzplatten dar. Ihre Brinellhärte ist zwar recht hoch, es muß aber bedacht werden, daß die Brinellzahl allein den Begriff der Härte noch nicht restlos erfaßt. Zieht man auch andere Härtezahlen heran, so bekommt man recht verschiedene Ergebnisse, die für die völlige Beurteilung aufschlußreich sind. So beträgt z. B. die Rückprallhärte des Asbeststeins nur etwa die Hälfte des Wertes von Hartgummi, während die LUDWIKsche Kegeldruckprobe eine doppelt so große Härte wie beim Hartgummi ergibt. Das bedeutet aber, daß die Bruchgefahr beim Aufsetzen von Glasgefäßen geringer ist als bei Hartgummiplatten, daß Wärmeschutzplatten dagegen dem Eindringen spitzer Gegenstände einen doppelt so großen Widerstand entgegensetzen wie Hartgummiplatten, d. h. daß sie sich schwerer ritzen und zerkratzen lassen als diese.

---

[1] WIRTH, E.: Z. Kunststoffe Bd. 29 (1939) S. 87.

Die Platten haben sich als Tischbelag in einem chemischen Laboratorium im Verlaufe von vier Jahren bei ununterbrochener Benutzung sehr gut bewährt. Wenn nach längerem Gebrauch die Oberfläche durch Einwirkung von Chemikalien und Schmutz unansehnlich werden sollte, so kann sie mit Schmirgelpapier leicht wieder gereinigt werden. Auch Beschriftungen mit Bleistift lassen sich anstandslos wegradieren, ohne daß dadurch die Platte abgenutzt wird.

Wegen der außerordentlich guten mechanischen Festigkeit lassen sich Schraubstöcke, Motoren oder sonstige Maschinen auf den Wärmeschutzplatten aufstellen. Schwere Eisenklötze können auf die Platte geworfen werden, ohne daß diese im geringsten Schaden nimmt. Schläge mit einem Hammer werden ebensogut ausgehalten.

d) Asbestgewebeplatten.

In diesem Zusammenhang sei noch auf eine andere Art von Platten hingewiesen, die sich ebenfalls durch hervorragende mechanische und thermische Eigenschaften auszeichnen, die Asbestgewebeplatten. Wie schon der Name sagt, stellen sie einen geschichteten Kunstharzpreßstoff dar. Als Füllstoff dient nicht Baumwolle oder Zellwolle, sondern Asbestgewebe. Die Wärmebeständigkeit des Werkstoffs entspricht dem der Typen 11 und 12. 200° werden auf die Dauer ohne weiteres ausgehalten. Dabei stehen sie bezüglich ihrer mechanischen Festigkeit den Hartgewebeplatten nicht nach. Die Platten werden in den Größen 1000 mm × 1000 mm, 1500 mm × 1000 mm und 1950 mm × 1000 mm im Handel geführt. Sie sind in allen Dicken von 3 mm an lieferbar. Rohre und Stäbe lassen sich aus diesem Werkstoff ebenso leicht fertigen wie aus den bereits besprochenen anderen geschichteten Preßstoffen.

Die Verwendung erstreckt sich hauptsächlich auf Fälle, in denen hohe Wärmebeständigkeit verlangt wird, die von Hartpapier oder Hartgewebe nicht erreicht wird. Sie dienen z. B. als Abschirmplatten, Bremsbeläge, Bremsscheiben und schließlich als Einlagen in hochbeanspruchten Wärmeschutzplatten.

Aus Rohren großen Durchmessers werden häufig Rohrleitungen für heiße Gase zusammengesetzt. Ebenso haben sie sich als Körper für thermisch besonders beanspruchte Spulen der Elektrotechnik bewährt.

3. Schleifscheiben.

In diesem Zusammenhang sei noch auf Schleifscheiben hingewiesen, die unter Verwendung von Kunstharzen hergestellt werden und als Hilfsmittel des Maschinenbaus bereits heute eine große Bedeutung erlangt haben. Sie werden überall da angewandt, wo Scheiben mit Gummi- oder Schellackbindung nicht befriedigten, z. B. zum Trennen von Marmor, Granit, Porzellan, Asbest, Zement und anderen mineralischen

Stoffen. Aus diesen ursprünglich gefertigten Schleifscheiben wurden solche für Nichteisenmetalle, Leichtmetall, Eisen und Stahl entwickelt. Zum Schleifen von Glas und Metall konnten sie ebenfalls mit Vorteil verwendet werden. Dadurch, daß sie eine hohe Umfangsgeschwindigkeit zuließen, war ihre Benutzung zu Grob-, Fein- und Flächenschliff möglich.

Als Schleifmittel werden neben Naturschmirgel und -korund auch künstlicher Korund und Siliziumkarbid (Karborundum) verwandt. Die Herstellung geschieht durch inniges Mischen des Schleifmittels mit einer Lösung von Kunstharz in Spiritus. Der so entstandene Brei wird in einer Form warm verpreßt und die Scheibe dann gebacken, wobei das Harz ausgehärtet. Ebenso ist es auch möglich, an Stelle einer Lösung pulverisiertes festes Harz zu nehmen, das beim Backvorgang erweicht und sich mit dem Schleifmittel gut verbindet.

Die Härte der Schleifscheibe hängt von der Menge des verwendeten Harzes ab. Weiche Scheiben enthalten 5% bis 10%, harte 12% bis 25% Harz. Zur Vergrößerung der Härte kann ein Füllmittel hinzugefügt werden, das die Oberfläche zwischen dem Schleifmittel und dem Bindemittel vergrößern soll. Meist sind dies Metalloxyde wie Eisenoxyd oder Aluminiumoxyd.

4. Schutzanstriche mit Kunstharzlacken.

In der chemischen Industrie werden säurefeste Behälterauskleidungen benötigt. Hierfür haben sich Kunstharzlacke als geeignet gezeigt. Es sind dies Lösungen von Resolen in Spiritus, die nach dem Aufstreichen durch Wärmenachbehandlung ausgehärtet werden. In den Vereinigten Staaten hat man auch Lebensmittelbehälter, z. B. Kesselwagen für Milch oder Bier, mit solchen Lacküberzügen versehen[1]. Der Lack enthält ein Phenol-Formaldehyd-Harz, das so behandelt ist, daß es die Kesselfüllung geschmacklich nicht beeinträchtigt. Der Anstrich erfolgt zweimal. Die Aushärtung geschieht durch Einblasen von Luft mit einer Temperatur von 130°. Weitere Anwendungsbeispiele sind Fässer, Vorratsbehälter usw. In den Vereinigten Staaten laufen bereits Kesselwagen für Essig- und Schwefelsäure, die sich wegen der guten chemischen Beständigkeit der Kunstharzlacke recht bewährt haben. Die bisher benutzten, sehr teuren Glasfutter konnten durch die billige Kunstharzauskleidung ersetzt werden.

---

[1] Paint Tech. Bd. 2 (1937) S. 252.

III. Prüfung von Fertigteilen.

A. Prüfung von Preßmasse oder Fertigstück.

Bei der Typisierung der Preßstoffe wurde nicht nur die Art der Füllstoffe und des Harzes festgelegt, sondern es wurden auch für eine ganze Reihe von Eigenschaften Mindestwerte gefordert. Damit soll dem Verbraucher die Gewähr gegeben werden, daß er einwandfreie Ware erhält. Die Prüfung erfolgt am sog. Normalstab von der Größe 10 mm × 15 mm × 120 mm. Sie erstreckt sich über die wichtigsten mechanischen, thermischen und elektrischen Eigenschaften (Zahlentafel 1). Sie hat vom Preßmassehersteller zu erfolgen und wird vom Staatlichen Materialprüfungsamt in Berlin-Dahlem überwacht. Die Preßbedingungen für den Normalstab hat der Massehersteller anzugeben. Der Verarbeiter der Preßmasse hat dadurch die Sicherheit, eine Ware zu bekommen, mit der er bei richtiger Verarbeitung Preßstücke herstellen kann, die in ihren Eigenschaften den gestellten Bedingungen genügen, also typgerecht sind. Als äußeres Kennzeichen darf er das Überwachungszeichen des Staatlichen Materialprüfungsamts auf den Preßlingen anbringen. Es ist in Abb. 94 dargestellt. Im Feld

Abb. 94.
Überwachungszeichen des Staatlichen Materialprüfungsamts Berlin-Dahlem.

oben links ist eine Bezeichnung angebracht (Zahlen oder Buchstaben oder beides), die das Kennzeichen des betreffenden Preßwerks ist[1]. Das Feld links unten enthält den Typ in liegender Schrift. Abb. 94 besagt also, daß es sich um eine Preßmasse des Typs S handelt, die von der Fa. H. Römmler AG., Spremberg (Abkürzungszeichen 32), verarbeitet wurde.

Der Verbraucher von Preßstücken hat damit jedoch noch lange nicht die Gewähr dafür, daß sich die vom Preßwerk bezogenen Fertigstücke auch so verhalten, wie das gemäß den in der Typisierung verlangten Eigenschaften sein müßte. Voraussetzung ist nämlich eine einwandfreie Verarbeitung der Preßmasse. Gerade beim Pressen sind aber die Fehlerquellen sehr zahlreich[2]. Wenn der Druck auf die Preßmasse zu niedrig ist oder die Temperatur nicht die vorgeschriebene Höhe hat, entstehen Preßlinge, die im Innern nicht ausgehärtet sind. Sie weisen nicht die verlangte mechanische Festigkeit auf und zeigen, besonders bei großen Stücken, Spannungen, die im Laufe der Zeit zu

---

[1] Eine Zusammenstellung aller überwachten Firmen mit Angabe des Abkürzungszeichens findet sich in der Z. Kunststofftechnik Bd. 11 (1941) S. 85 bis 98.

[2] Die Fehlermöglichkeiten bei der Verarbeitung von Preßmassen sind ausführlich dargestellt in BRANDENBURGER, K.: Herstellung und Verarbeitung von Kunstharzpreßmassen. 2. Aufl. München: J. F. Lehmanns Verlag 1938.

Rißbildungen führen können. Platzen können sie ebenfalls bei starker Feuchtbeanspruchung. Auch das Überhitzen der Preßform führt zu fehlerhaften Preßlingen, insbesondere beim Typ K. Diese wenigen Beispiele mögen zeigen, daß eine einwandfreie Preßmasse allein noch keineswegs ein gutes Preßstück verbürgt. Der Anwender von Preßstoffen sollte daher dem Preßwerk eine Prüfung am Fertigstück vorschreiben, der die gelieferten Preßlinge genügen müssen. Selbstverständlich wird man sich dabei nur auf Teile beschränken, bei denen die mechanischen Eigenschaften im Gebrauch von ausschlaggebender Bedeutung sind, denn die Durchführung solcher Prüfungen durch entsprechend vorgebildete Kräfte ist nur in beschränktem Umfange wirtschaftlich zu rechtfertigen. Die Überwachung von Preßmasse und Preßstück sind somit in gleicher Weise empfehlenswert.

B. Prüfungen am Fertigstück.

1. Das Dynstatgerät.

Viele Prüfungen, die am Normalstab vorgenommen werden, sind nicht ohne weiteres auf beliebig geformte Preßstücke übertragbar. So ist z. B. die Bestimmung der Wärmebeständigkeit nach MARTENS oder der Glutsicherheit nach SCHRAMM an gewisse Probenformen gebunden. Aber auch mechanische Eigenschaften, wie z. B. die Schlagbiegefestigkeit, ist nur für den Normalstab festgelegt, wie bereits oben schon erläutert wurde. Um nun auch am fertigen Preßteil mechanische Prüfungen vornehmen zu können, wurde das sog. Dynstatgerät von SCHOB, NITSCHE und SALEWSKI entwickelt, das in Abb. 95a bis c dargestellt ist[1]. Es gestattet die Verwendung von Proben in der Größe 10 mm × 15 mm × 4 mm. Das Gerät besteht im wesentlichen aus einem Pendel. Zur Bestimmung der Biegefestigkeit wird die Probe gedreht und hebt damit gleichzeitig das Pendel. Das Biegemoment hängt von dem beim Bruch der Probe erreichten Ausschlagswinkel ab und kann direkt abgelesen werden. Zur Ermittelung der Schlagbiegefestigkeit wird die Probe in die Einspannvorrichtung *b* (Abb. 95c) eingespannt und von dem fallenden Pendel abgeschlagen. Der Ausschlag des Pendels nach dem Bruch des Prüflings wird mittels eines Schleppzeigers in der üblichen Weise ermittelt.

Die Probendicke ist gleich der Wanddicke des Preßlings, so daß auch dünnwandige Stücke sich prüfen lassen. Unterschiede in der Festigkeit an einzelnen Stellen des Stücks, die sich infolge des Fließens der Masse in der Form ergeben können, lassen sich so leicht ermitteln[2].

---

[1] Hersteller L. Schopper, Leipzig.

[2] WEIGEL, W.: Kunst- und Preßstoffe. H. 2. Berlin: VDI-Verlag 1937. — SCHWITTMANN, A.: Z. Kunststofftechnik Bd. 10 (1940) S. 161.

Die Berechnung der Biegefestigkeit ist die übliche. Die Ergebnisse sind auch mit den am Normalstab ermittelten vergleichbar. Bei der Berechnung der Schlagbiegefestigkeit wird die zur Zerstörung aufgewandte Energie nicht auf den Querschnitt, sondern auf das Produkt aus Breite und Quadrat der Höhe bezogen, mit anderen Worten also auf das Widerstandsmoment, wenn man von einer Konstanten absieht. Die so erhaltenen Werte stimmen dann zahlenmäßig ungefähr mit denen der Normalstabprüfung überein. Die Dimension der Schlagbiegefestigkeit ist dann natürlich eine andere. Die Prüfungen haben daher nur als Vergleichsmessung an gleichgroßen Proben einen Sinn. Als Grundlage für Berechnungen von Konstruktionen können sie nicht dienen.

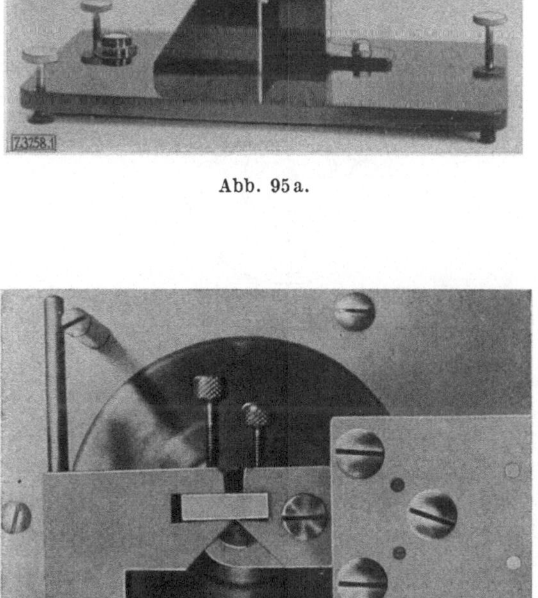

Abb. 95 a.

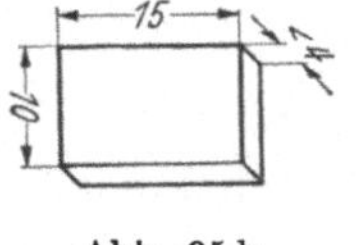

Abb. 95 b.

Abb. 95 c.

Abb. 95. a bis c, Dynstatgerät nach SCHOB, NITSCHE, SALEWSKI, eingestellt für den Biegeversuch. *A* Probe; *B* Probenanordnung; *C* Prüfgerät mit Probe; *a* Pendel; *b* Einspannvorrichtung für Schlagversuch; *c* Schlagnase; *d* drehbare Scheibe; *e* Kurbel zur Einstellung von *d* mittels Kurbel, Schnecke und Schneckenrad; *f* Klinke für Pendel *a* beim Schlagversuch; *g* Marken zur Einstellung der Fallwinkel von 60° und 90°; *h* fester Skalenring; *i* Skala zur Ablesung der von der Probe verbrauchten Schlagarbeit; *k* Schleppzeiger für Schlagversuch; *l* Schleppzeiger für Biegeversuch; m_1, m_2 Einspannvorrichtung für Biegeversuch; *n* Skalen zur Ablesung des Biegemoments; *o* Skala zur Ablesung des Biegewinkels; *p* Probe beim Biegeversuch; *q* Zusatzgewicht für Pendel *a* beim Biegeversuch.

2. Prüfung des ganzen Stücks.

a) Mechanische Prüfungen nach Abnahmevorschriften.

Die Abnahmevorschriften, die der Anwender dem Preßwerk macht, können sehr verschiedener Art sein. Bei vielen Stücken wird die Prüfung so erfolgen, daß der Prüfling auf zwei Seiten gelagert und in der Mitte belastet wird, d. h. also, daß die Biegefestigkeit des Werkstoffs bestimmt wird. Die Belastung braucht dabei nicht bis zum Bruch ausgedehnt zu werden, sondern kann einen festgelegten Wert erreichen. Häufig sind die Stücke jedoch so gestaltet, daß eine Berechnung von Festigkeitszahlen nur schwer möglich ist. In diesem Falle ist man auf die Festlegung einer Prüfvorschrift angewiesen, die etwa der Bean-

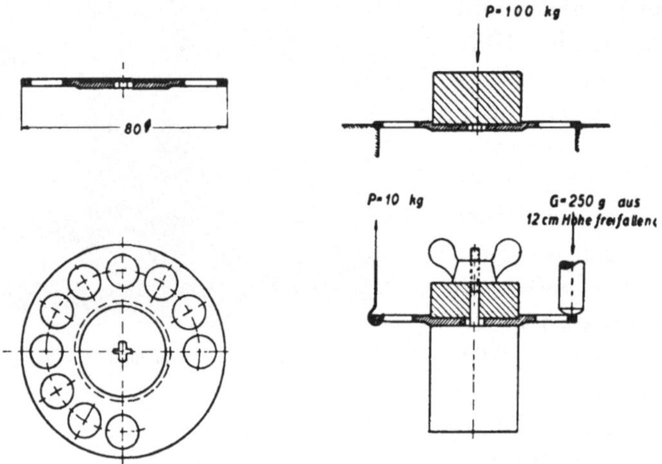

Abb. 96. Prüfung einer Fingerlochscheibe.

spruchung des Stücks im Gebrauch entspricht. Es kommen sowohl Biege- als auch Schlagprüfungen in Betracht. Zuweilen sind es auch irgendwelche Bruchprüfungen, bei denen neben Biege- noch Zug- und Druckspannungen gleichzeitig auftreten. Maßgebend ist, daß die Prüfung nicht irgendwie beliebig festgelegt, sondern den Gebrauchsbedingungen angepaßt wird. Nur so ist es möglich, die zu stellenden Forderungen auch zahlenmäßig zu erfassen.

b) Gebrauchsmäßige Prüfungen.

Im folgenden seien einige Gebrauchsprüfungen beschrieben, die sich als zweckmäßig erwiesen haben. Die in Abb. 62 dargestellte Wählerscheibe aus Preßstoff Typ Z3 wird praktisch zunächst auf Abbrechen des äußeren Kranzes beansprucht. Dies kann durch achsenparallelen Druck oder Schlag am Umfang geschehen. Es liegt daher nahe, eine derartige Beanspruchung als Prüfvorschrift festzulegen (Abb. 96).

Bei der ersten Prüfung wird die Scheibe ringsum aufgelegt und in der Mitte belastet. Sie muß eine Kraft von 100 kg während 15 Sekunden aushalten, ohne zu brechen. Die zweite Prüfung sieht den 3maligen Fall eines Gewichts von 250 g aus 12 cm Höhe auf die Randstelle zwischen dem 5. und 6. Fingerloch der in der Mitte eingespannten Scheibe vor. Auch hierbei darf kein Bruch eintreten. Die dritte Prüfung ist eine Zerreißprüfung an einem Punkt des Umfangs. Ein Drahthaken wird in das 5. Loch der in der Mitte eingespannten Scheibe eingehängt. Die Belastung erfolgt parallel zur Scheibenachse und wird bis zu 10 kg gesteigert. Hierbei darf die Scheibe nicht zu Bruch gehen.

Die natürlichste Überwachung der Festigkeit von Muttergewinden ist die Bestimmung der Ausreißfestigkeit. Die Einschraubtiefe des Bolzens soll der für den Gebrauch vorgesehenen entsprechen. Die auszuhaltende Belastung ist natürlich größer zu wählen als die unter Betriebsbedingungen auftretende.

Kleine Handräder, wie sie in Abb. 59 dargestellt sind, werden bei der Benutzung auf einen Vierkant gesteckt und auf Drehung beansprucht. Die Prüfung wurde daher in gleicher Weise durchgeführt, weil dadurch auch die Kantenempfindlichkeit des Werkstoffs, die hier von Bedeutung ist, gut erfaßt wird. Bei den Rädern wurden an zwei gegenüberliegenden Stellen des Randes Segmente abgefeilt, so daß parallele Ebenen entstanden. Die Räder ließen sich dadurch leicht in einen Schraubenschlüssel einspannen und gegen einen im Loch steckenden Vierkant aus Stahl drehen. Zur Bestimmung der am Schlüsselende angreifenden tangential wirkenden Kraft diente eine Federwaage. Das Drehmoment wurde in cmkg angegeben. Räder aus Preßstoff vom Typ S ohne Metalleinlage lassen sich zuweilen ohne Benutzung eines Schlüssels mit der Hand so fest drehen, daß sie vom Vierkant gesprengt werden. Allerdings dürfen sie keine zu glatte Randfläche haben und müssen sich gut fassen lassen. Durch Messung des zur Zerstörung notwendigen Drehmoments bei diesen Rädern läßt sich das Höchstmaß der betriebsmäßigen Beanspruchung ungefähr feststellen, so daß ein angemessener Wert als Prüfvorschrift festgelegt werden kann, der den praktischen Bedürfnissen gerecht wird.

Die Zahnräder für die Brotschneidemaschine wurden auf Abbrechen der Zähne geprüft. Zu diesem Zweck wurde ein Gerät geschaffen, das die Einspannung des Rades und die Messung des zum Bruch notwendigen Drehmoments gestattete. Die Räder waren gegen solche aus Gußeisen auswechselbar, so daß wahlweise das kleine oder das große Rad geprüft werden konnte. Der Antrieb erfolgte von Hand mit der gleichen Kurbel, die für die Maschine vorgesehen ist. Dadurch war es möglich, auch gefühlsmäßig zu erfassen, was von der Maschine zu erwarten war. Die Gegenkraft wurde durch ein Gewicht erzeugt, das durch ein dünnes Stahldrahtseil, welches sich bei der Drehung auf einer Trommel aufwickelte, hochgezogen wurde. Es konnten so durch vollständige Umdrehung sämtliche Zähne der Räder geprüft werden. Mit diesen Rädern ließen sich Drehmomente bis zu 250 cmkg anwenden. Die Bedienung der Kurbel konnte ein 14jähriger Lehrling nur mit Aufbietung aller Kräfte vornehmen. Die Prüfung zeigt also, daß die Räder auch allen Anforderungen gewachsen sind, die die Praxis an sie stellen dürfte.

Auch bei der Prüfung von Platten, die als Bodenbelag in Betracht kommen, z. B. solchen aus Typ 11 für Klosetts usw., ist die erste Frage, die nach der praktischen Beanspruchung. Reine Biegung infolge hohlen Aufliegens dürfte kaum vorkommen. Dagegen könnten Beschädigungen durch festes Auftreten mit genagelten Schuhen oder durch Fallenlassen harter Gegenstände auftreten. Hier ist daher eine Schlagprüfung am Platze. Sie läßt sich so durchführen, daß man z. B. eine eiserne Fallbirne mit vorgeschriebenem Gewicht (etwa 1 kg) aus einer bestimmten Höhe auf die Platte auffallen läßt. Diese wird auf eine ebene Holzunterlage aufgelegt. Die Prüfung entspricht den praktischen Bedingungen und läßt sich auch zahlenmäßig genau festlegen.

Ähnliche Fallprüfungen haben sich auch an Eß- und Trinkgeschirren bewährt. Die übliche Höchstbeanspruchung solcher Geräte in der Praxis besteht darin, daß sie auf den Boden fallen. Am einfachsten wäre natürlich eine Prüfung, die im Fallenlassen der Stücke auf Holz- oder Steinboden aus Tischplattenhöhe bestünde. Allerdings läßt es sich dabei nicht erreichen, daß alle Stellen einmal Auftreffstellen werden. Man hat deshalb, was ja auf das gleiche hinausläuft, eine Stahlkugel vom Gewicht des Prüflings auf diesen fallen lassen[1]. Damit können alle gefährdeten Teile, z. B. die Henkel von Kannen oder Kaffeetassen, gut geprüft werden.

Die Prüfung von Seilrollen, wie sie Abb. 53 zeigt, läßt sich ebenfalls als Gebrauchsprüfung durchführen. Um die Rolle wird ein Drahtseil geschlungen und an beiden Enden stark belastet. Es wird hin und her bewegt, so daß die Rolle an allen Stellen ihres Umfangs beansprucht wird. Allerdings muß sich die Bewegung über einen längeren Zeitraum erstrecken, um auch das Dauerverhalten zu erfassen. Zur besonderen Belastung des Rillenrandes kann die Rolle etwas schräg zur Seilebene gestellt werden. Die Prüfung erfordert einigen Aufwand an Einrichtungen und recht viel Zeit. Sie hat jedoch den Vorteil, daß sie einwandfreie Ergebnisse liefert, die dem wirklichen Gebrauch entsprechen. Der Rillenrand darf bei der Prüfung unter Schrägstellung nicht ausplatzen.

Schwieriger ist die Durchführung der Prüfung von sog. Seilkauschen, die in Abb. 97 dargestellt sind. Sie dienen zur isolierten Aufhängung spannungsführender Drähte und haben mechanisch viel auszuhalten.

---

[1] NITSCHE, R., u. W. ESCH: Z. Kunststofftechnik Bd. 10 (1940) S. 57 u. 91.

Bei gut passenden Bolzen werden sie lediglich auf Druck beansprucht. Die Prüfung, die den natürlichen Verhältnissen entsprechen würde, wäre ein Einspannen wie unter Betriebsbedingungen und Zerreißen bis zum Bruch. Dieser tritt aber keineswegs eindeutig ein. Vielmehr zeigen sich vorher schon Eindrücke des verwendeten Drahtseils auf der Rillenoberfläche. Bei Laststeigerung führen sie zunächst zu kleineren, dann zu größeren Rissen, bis schließlich der Bruch eintritt. Der Spielraum der Zugkraft vom Auftreten

Abb. 97. Seilkauschen.

der ersten Risse, die übrigens nur bei abgenommenem Seil während der Prüfung festgestellt werden könnten, bis zum Bruch, ist so groß, daß eine genaue Feststellung des Zeitpunktes, zu dem die Kausche unbrauchbar geworden ist, überhaupt nicht möglich ist. Es hat sich daher die Anwendung einer anderen Prüfweise als notwendig erwiesen.

Gute Druckfestigkeit wird bei hinreichender Aushärtung des Preßlings erzielt. Aber auch die Biegefestigkeit des Werkstoffs kann als Maß für die Aushärtung des Werkstoffs genommen werden. Es genügt daher, an Stelle der beschriebenen Prüfung eine solche auf Biegung vorzunehmen. Wie Abb. 98 zeigt, wird die Kausche mittels eines Biegeprüfers belastet und bis zum Bruch gedrückt. Da die Berechnung schwierig ist, kann man so vorgehen, daß man zunächst die Bruchlast für einwandfrei verpreßte und tadellos ausgehärtete,

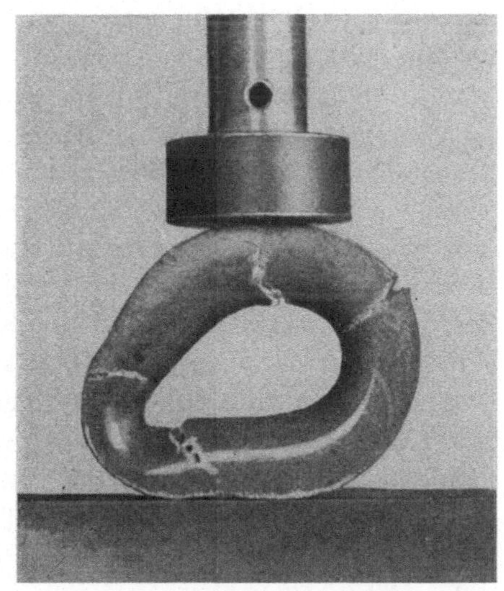

Abb. 98. Prüfung einer Seilkausche.

unter Umständen nachgehärtete Stücke ermittelt und einen etwas darunterliegenden Wert als Prüfvorschrift festsetzt. Diese Art der Prüfung hat sich durchaus bewährt und mag als Beispiel dafür gelten, daß es, wie auf anderen Gebieten, z. B. der Physik, auch, nicht immer notwendig ist, die Kenngröße zu messen, auf die es ankommt. Es ist häufig möglich, aus der Kenntnis einer anderen Eigenschaft auf das gesuchte Verhalten zu schließen.

C. Schlag- oder Biegeprüfungen.

Geringe Schlagbiegefestigkeit ist das Kennzeichen der pulverförmigen Preßstoffe im Vergleich zu anderen Werkstoffen. Diese Tatsache macht viele Anwender mißtrauisch. Sie glauben, eine gewisse Sicherheit dadurch zu bekommen, daß sie als Abnahmevorschrift für Preßstücke eine Schlagprüfung festlegen. Eine solche hat aber den großen Nachteil, daß sie zwar zahlenmäßig zu erfassen ist, eine Umrechnung auf Betriebsverhältnisse aber in keiner Weise zuläßt. Die meisten Schlagbeanspruchungen beim praktischen Gebrauch erfolgen aus Unkenntnis. Sie wären bei einiger Sorgfalt zu umgehen und lassen sich auch gar nicht in irgendeiner Weise berechnen. Glas ist ebenfalls schlagempfindlich. Die Menschheit hat sich aber an den Umgang mit diesem Stoff gewöhnt. Es wird niemand einfallen, beim Einsetzen einer neuen Fensterscheibe vom Hersteller eine Schlagprüfung zu verlangen. Trotzdem erfüllt die Scheibe bei sachgemäßer Behandlung völlig ihren Zweck. Es ist daher vor allem die Aufgabe des Herstellers und Verarbeiters von Preßmassen, in dieser Hinsicht erzieherisch auf den Kunden zu wirken. Man kann nicht von den neuen Werkstoffen Wunder verlangen, sondern muß für bessere Eigenschaften wie Korrosionsfestigkeit ein ungünstigeres Schlagverhalten in Kauf nehmen.

Manchmal werden durch abwegige Prüfungen lediglich Konstruktionsfehler erfaßt. Geradezu ein Musterbeispiel stellt die Prüfung von Kappen für Schalter und Steckdosen dar[1]. Ein Pendelhammer fällt auf die auf einem zugehörigen Sockel befestigte Kappe herab. Durch Drehung des Sockels können verschiedene Stellen der Kappe getroffen werden. Vorschrift ist, daß die Kappe nicht zerspringen darf. Diese Prüfung ersetzt keineswegs die praktische Beanspruchung. Zerstörungen von Kappen durch Schlag kommen im normalen Gebrauch überhaupt nicht vor. Erfolgt aber einmal versehentlich unter besonderen Umständen, etwa beim Transport von Möbeln, eine Zerstörung der Kappe, dann ist der Schlag so kräftig, daß jede Kappe zu Bruch gehen würde, ganz gleich, ob sie vorher mit einem Pendelhämmerchen geprüft wurde oder nicht. Vielfach entsprechen aber Preßstoffkappen keineswegs den Anforderungen, die die Praxis an sie stellt. Der Fehler beruht nicht auf der geringen Festigkeit des Werkstoffs, sondern ist in einer unsachgemäßen Konstruktion begründet. Steckdosenkappen haben in der Mitte zwischen den Steckerlöchern ein Loch für die Schraube. Richtig wäre es, wenn die Kappe an dieser Stelle fest auf dem Sockel aufliegen

---

[1] Vorgeschrieben von der Installationsfragenkommission (IFK-Prüfung).

würde. In vielen Fällen ist es aber so, daß sie statt dessen in der Umgebung der Kontakthülsen den Sockel berührt, an der Stelle des Schraubenlochs aber von ihm absteht. Die Halteschraube besitzt normalerweise ein feingängiges Gewinde, so daß die Vorschubkraft, die durch die Drehung der Schraube bewirkt wird, recht beträchtlich ist. Die Kappe erleidet dann wegen der kleinen Auflagerentfernung eine Durchbiegung, die unbedingt zum Bruch führen muß.

Ein weiterer Konstruktionsfehler, der häufig anzutreffen ist, beruht darauf, daß die Kappe, wenn sie richtig auf dem Sockel aufsitzt, diesen unten überragt. Wird nun die Halteschraube angezogen, so wird die Vorderfläche der Kappe stark durchgebogen, was ebenfalls zum Bruch führen kann. Sorgfältige Konstruktion und genaue Herstellung, besonders des Sockels, ist aber Voraussetzung.

Als Maß für die gute Durchhärtung eines Preßlings kann die Prüfung auf Schlag ebenfalls nicht gelten. Oft sind nicht völlig ausgehärtete Stücke nicht so spröde und fangen einen Stoß besser ab als ein gut durchgehärtetes Stück, das dabei leichter zerspringt. Trotzdem ist das gut ausgepreßte Teil im Gebrauch haltbarer, da Nachhärtungserscheinungen, die zur Rißbildung führen können, weitgehend ausgeschlossen sind. Schlagprüfungen sollten nur dann angewandt werden, wenn sie als Gebrauchsprüfungen zu rechtfertigen sind. Im allgemeinen ist Biegeprüfungen der Vorzug zu geben.

D. Stichprobenprüfung oder Prüfung der gesamten Fertigung.

Ebenso wichtig wie die Frage der Prüfungsart ist die, ob nun die gesamte Fertigung durchgeprüft werden soll oder ob es genügt, sich auf einzelne, regelmäßig vorgenommene Stichproben zu beschränken. Durch die Vorbeanspruchung, die häufig nicht weit unter der Bruchgrenze liegt, kann das Preßstück bei der Prüfung insofern beschädigt werden, als es mikroskopisch kleine Sprünge bekommen könnte, die sich bei späterer Belastung unangenehm auswirken. Dies ist ganz besonders bei Schlagprüfungen der Fall. Die Durchprüfung der gesamten Fabrikation würde damit recht nachteilig sein. Dazu kommt, daß man gar kein Maß dafür hat, wie die wirklichen Bruchwerte liegen. Auch der zur Durchführung der Prüfung bei großen Stückzahlen notwendige Aufwand an Arbeitskräften und Zeit ist oft wirtschaftlich nicht zu rechtfertigen.

Stichprobenprüfungen weisen dagegen eine Reihe von Vorteilen auf. Zunächst ergeben sie, da die Prüfung bis zum Bruch des Stücks durchgeführt werden kann, Meßwerte, die zeigen, ob die tatsächlich vorhandene Festigkeit wesentlich über der vorgeschriebenen liegt oder ob die Grenze schon nahezu erreicht ist. Die Zahl der notwendigen Prüfstücke und auch die Häufigkeit der Prüfungsdurchführung können auch den jeweiligen Verhältnissen angepaßt werden. Der Verlust durch die Zerstörung einiger weniger Stücke ist nicht ausschlaggebend und steht in keinem Verhältnis zur Einsparung von Löhnen, die durch eine Gesamtprüfung ausgegeben würde. Stichprobenprüfungen ist daher stets der Vorzug zu geben, sofern es sich um die Überwachung mechanischer Eigenschaften handelt.

Anders steht es z. B. mit der Prüfung bestimmter elektrischer Werte. Es ist durchaus notwendig, bei Telephongriffen Stück für Stück daraufhin zu untersuchen, ob nicht die eingepreßten Leitungsdrähte gerissen sind oder sich berühren. Ebenso müssen Isolatoren vor dem Einbau auf Durchschlagsfestigkeit untersucht werden. Ein einziges fehlerhaftes Stück könnte eine schwierige Nachkontrolle der fertigen Leitung zur Folge haben, ganz abgesehen von den Unfällen oder sonstigen Schäden, die sich dabei ergeben könnten.

E. Besondere Prüfungen.

Besonders sorgfältige und vielseitige Prüfungen sind erforderlich, wenn es sich darum handelt, die Bewährung von Preßstoffen für neue Anwendungen festzustellen. Für den in Abb. 63 links dargestellten Geruchsverschluß muß zunächst die Beständigkeit gegen heißes Wasser geprüft werden. Sie erfolgt durch eine zweistündige Lagerung in kochendem Wasser. Die Oberfläche darf dabei ihr Aussehen nicht verändern. Gleichzeitig kann noch durch Wägung vor und nach dem Kochen die Wasseraufnahme bestimmt werden. Sie soll 1% des ursprünglichen Preßstücksgewichts nicht überschreiten. Bedeutend stärker ist die Beanspruchung durch den abwechselnden Einfluß von heißem und kaltem Wasser. Zur Kennzeichnung des Verhaltens des Preßstoffs solchen Angriffen gegenüber dient eine Temperaturwechselprüfung. Sie sieht vor, den Preßling abwechselnd in kochendes Wasser und solches von Zimmertemperatur zu tauchen. Dabei ist zu beachten, daß der Inhalt des Geruchsverschlusses vollkommen erneuert wird, so daß der Temperaturwechsel recht schroff erfolgt. Auch hierbei darf sich das Aussehen der Oberfläche nicht ändern. Das Eintauchen wird 10mal hintereinander vorgenommen.

Zur Prüfung des Verhaltens unter Betriebsbedingungen, die der Praxis entsprechen, wird der Geruchsverschluß an ein Becken angeschlossen und etwa 50mal am Tage mit kaltem und heißem Wasser beschickt. Die Versuche werden 10 Tage lang fortgesetzt. Änderungen in der Oberfläche oder der Gestalt dürfen hierbei nicht eintreten.

Die chemische Beständigkeit kann dadurch ermittelt werden, daß der Preßling längere Zeit in chemischen Agenzien gelagert wird, z. B. in verdünnter Salzsäure oder gesättigter Sodalösung. Gegebenenfalls kann eine Veränderung durch Wägung vor und nach dem Versuch ermittelt werden.

Die mechanische Prüfung unter Betriebsbedingungen ist schwierig. Im allgemeinen werden es schlagartige Beanspruchungen sein, die der Verschluß beim praktischen Gebrauch gelegentlich auszuhalten hat. Als Anhalt mag das Verhalten dienen, das das Preßstück beim Fallenlassen zeigt.

Als weiteres Beispiel sei die Bewertung von Eß- und Trinkgeschirr aus Preßstoff erwähnt[1]. Ihre mechanische Prüfung wurde bereits oben erörtert. Praktisch von Bedeutung ist noch das Verhalten gegen Verschmutzung. Zur Erfassung dieser Eigenschaft wurde eine Verschmutzungsprüfung vorgesehen. Die Gegenstände werden mit kochend heißer, frisch bereiteter 1proz. Lösung von wasserlöslichem Nigrosin gefüllt, bzw. in diese Lösung eingelegt, erkalten gelassen und nach 5 Stunden entleert bzw. herausgenommen. Anschließend erfolgt eine Reinigung mittels einer Bürste mit einem gut wirkenden Reinigungsmittel, das aber keine Scheuerwirkung hervorrufen darf (z. B. heiße, wässerige Lösung von Imi). Die Behandlung wird nach 24 Stunden wiederholt. Der Gegenstand darf keine bleibende Anfärbung zeigen, sofern die Oberfläche unverletzt war.

F. Zusammenfassung.

Voraussetzung für die Bewährung eines Preßstücks sind zunächst die richtige Werkstoffauswahl und Gestaltung. Ist diese Voraussetzung nicht erfüllt, dann wird häufig, wie das am Beispiel der Schalterkappe gezeigt wurde, mit der Prüfung die Konstruktion bewertet, nicht aber der Werkstoff. Im allgemeinen ist die Gebrauchsprüfung einer solchen Prüfung vorzuziehen, die nach irgendwelchen sonstigen Gesichtspunkten beliebiger Art erfolgt. Nach Möglichkeit ist sie so zu wählen, daß das Ergebnis zahlenmäßig erfaßt werden kann, d. h. daß sich die zur Zerstörung notwendige Kraft oder Energie messen läßt. Dadurch ist es überhaupt erst möglich, bei Prüfung bis zum Bruch festzustellen, ob die Festigkeit nahe an der Grenze der Vorschrift oder aber weit darüber liegt. Biegeprüfungen sind zweckmäßiger als solche, bei denen der Prüfling auf Schlag beansprucht wird, denn sie gestatten oft die Beurteilung, ob das Preßstück hinreichend ausgehärtet ist. Schlagprüfungen sollten nur da angewandt werden, wo auch beim praktischen Gebrauch vornehmlich Schlagbeanspruchungen zu erwarten sind. Die

---

[1] NITSCHE, R., u. W. ESCH: Z. Kunststofftechnik Bd. 10 (1940) S. 57 u. 91.

Überwachung der gesamten Fertigung ist langwierig und teuer. Sie verlangt die Beschäftigung zahlreicher, meist gut ausgebildeter Fachkräfte, die damit der eigentlichen Produktion entzogen werden. Wirtschaftlich gesehen bedeutet das aber eine recht unerwünschte Verringerung der Ertragsquote. Stichproben ist deshalb unbedingt der Vorzug zu geben. Technisch ist damit der Vorteil verbunden, daß die Prüflinge nicht durch eine Prüfung vorbeansprucht werden, durch die sie kleine Sprünge bekommen können, die der Kontrolle entgehen. Sie sollen sich bis zum Bruch der Probe erstrecken, um, wie schon erwähnt, die wirkliche Festigkeit zahlenmäßig zu erfassen.